AF550638

Datenarchivierung in SAP®

Cihan Kaya

Willkommen bei Espresso Tutorials!

Unser Ziel ist es, SAP-Wissen wie einen Espresso zu servieren: Auf das Wesentliche verdichtete Informationen anstelle langatmiger Kompendien – für ein effektives Lernen an konkreten Fallbeispielen. Viele unserer Bücher enthalten zusätzlich Videos, mit denen Sie Schritt für Schritt die vermittelten Inhalte nachvollziehen können. Besuchen Sie unseren YouTube-Kanal mit einer umfangreichen Auswahl frei zugänglicher Videos:

https://www.youtube.com/user/EspressoTutorials.

Kennen Sie schon unser Forum? Hier erhalten Sie stets aktuelle Informationen zu Entwicklungen der SAP-Software, Hilfe zu Ihren Fragen und die Gelegenheit, mit anderen Anwendern zu diskutieren:

http://www.fico-forum.de.

Eine Auswahl weiterer Bücher von Espresso Tutorials:

- Andreas Schuster:
  Praxishandbuch SAP® HANA – Administration
  http://5265.espresso-tutorials.de
- Andreas Unkelbach:
  SAP S/4HANA® Migration Cockpit – Datenmigration mit LTMC und LTMOM *http://5318.espresso-tutorials.de*
- Sebastian Brunner, Martin Munzel, Philipp Reichhardt:
  Schnelleinstieg in SAP S/4HANA®
  http://5341.espresso-tutorials.de
- Martin Kipka:
  SAP® Activate – Agilität in SAP®-Implementierungsprojekten
  http://5378.espresso-tutorials.de
- Manfred Sprenger:
  Praxishandbuch SAP®-Basis – Troubleshooting in der Systemadministration
  http://5417.espresso-tutorials.de

Qualifizieren Sie Ihre Mitarbeiter

ohne Reisekosten und externe Referenten

- 800+ E-Books und Videos in den Sprachen DE, EN, FR, PT, JP, ES
- Über 40 Lernpfade erleichtern die Einarbeitung in neue SAP-Themen
- Laufende Aktualisierung mit neuen Inhalten
- Zugang via Webbrowser oder App (iOS/Android)
- Staffelpreise ab 5 Lizenzen

Die Lernplattform:
https://et.training

7-Tage-Testzugang kostenfrei und unverbindlich:
https://et.training/testzugang

Individuelles Angebot für Firmen:
https://www.espresso-tutorials.de/firmenkunden/

Bibliografische Information der Deutschen Nationalbibliothek
Die Deutsche Nationalbibliothek verzeichnet diese Publikation in der Deutschen Nationalbibliografie; detaillierte bibliografische Daten sind im Internet über https://portal.dnb.de abrufbar.

Cihan Kaya, Koautor: Birol Ince
Datenarchivierung in SAP®

ISBN:	978-3-960122-22-7
Lektorat:	Bernhard Edlmann
Korrektorat:	Die Korrekturstube
Coverdesign:	Philip Esch
Coverfoto:	iStockphoto.com | SeventyFour No. 1405739995
Satz & Layout:	Johann-Christian Hanke

1. Auflage 2024

© Espresso Tutorials GmbH, Gleichen 2024

URL: *www.espresso-tutorials.de*

Das vorliegende Werk ist in allen seinen Teilen urheberrechtlich geschützt. Alle Rechte sind vorbehalten, insbesondere das Recht der Übersetzung, des Vortrags, der Reproduktion und der Vervielfältigung. Espresso Tutorials GmbH, Bahnhofstr. 2, 37130 Gleichen, Deutschland.

Ungeachtet der Sorgfalt, die auf die Erstellung von Text und Abbildungen verwendet wurde, können weder der Verlag noch die Autoren oder Herausgeber für mögliche Fehler und deren Folgen eine juristische Verantwortung oder Haftung übernehmen.

Feedback:
Wir freuen uns über Fragen und Anmerkungen jeglicher Art. Bitte senden Sie diese an: *info@espresso-tutorials.com*.

Inhaltsverzeichnis

Vorwort

Der Betrieb von SAP-Systemen erfordert in vielerlei Hinsicht eine gute Planung. Neben der Abbildung betriebswirtschaftlicher Abläufe in den technischen Prozessen ist die Handhabung von Daten von hoher Bedeutung. Mit der SAP-Datenarchivierung können Sie das Datenwachstum in Ihren SAP-Systemen kontrollieren und Ihre archivierten Daten revisionssicher aufbewahren.

Dieser Themenkomplex gewinnt zunehmend an Relevanz. Die Transformation von SAP Enterprise Resources Planning (ERP) bzw. ERP Central Component (ECC) zu S/4HANA kann durch eine SAP-Datenarchivierung signifikant verbessert werden, wobei sich der zeitliche Aufwand deutlich reduziert und dadurch wesentliche Kosten eingespart werden. Für einige Unternehmen mit einem großen Datenaufkommen ist dies sogar eine zwingende Voraussetzung für die Systemumstellung.

Gesetzliche Vorgaben fordern die Revisionssicherheit von Daten, die wichtig für das Unternehmen oder für die Besteuerung sind.

Sie haben wahrscheinlich zu diesem Buch gegriffen, weil Sie vor der herausfordernden Aufgabe stehen, eine rechtssichere Datenarchivierung in einem SAP-System durchzuführen. Wir möchten Ihnen mit diesem Titel zu einem schnellen Einstieg in die SAP-Datenarchivierung verhelfen und einen guten Überblick über die wichtigsten Aspekte der SAP-Datenarchivierung bieten. Die nachfolgenden Seiten richten sich deshalb an alle Leser, die mit der SAP-Datenarchivierung konfrontiert werden und sich Grundlagenwissen von Experten aneignen möchten.

Dieser Aufgabe widmen wir uns bereits seit längerer Zeit und haben uns auf die SAP-Datenarchivierung sowie neue Technologien in diesem Bereich spezialisiert – insbesondere auf SAP Information Lifecycle Management (ILM). Dieses Buch führt sie an die technische, fachliche und gesetzliche Bedeutung der SAP-Datenarchivierung heran. Dabei begleiten wir Sie durch die einschlägigen Prozesse und zeigen Ihnen, wie Sie ein Archivierungsprojekt erfolgreich meistern können.

An dieser Stelle möchten wir die Gelegenheit nutzen und uns beim internationalen Marktführer für SAP-Datenarchivierung und SAP ILM bedanken: AHMETTUERK/IT AND STRATEGY CONSULTING. Das Engagement unseres Mentors Ahmet Türk, der uns in die Welt der SAP-Datenarchivierung mit all ihren Besonderheiten eingeführt hat, war die Voraussetzung dafür, dass wir dieses Buch schreiben konnten. Wir danken diesem Bestsellerautor auf dem Gebiet der SAP-Datenarchivierung für den jahrelangen Wissenstransfer sowie die Ausbildung in zahlreichen Projekten bei namhaften Kunden.

Die großartige Zusammenarbeit mit Espresso Tutorials genießen wir ebenfalls, und die Gelegenheit zur Veröffentlichung dieses Werkes wissen wir sehr zu schätzen.

Wir wünschen Ihnen viel Spaß bei der Lektüre und freuen uns, von Ihren Erfolgen mit der Anwendung unserer Lösungsvorschläge zu hören.

In den Text sind Kästen eingefügt, um wichtige Informationen besonders hervorzuheben. Jeder Kasten ist zusätzlich mit einem Piktogramm versehen, das diesen genauer klassifiziert:

Hinweis

Hinweise bieten praktische Tipps zum Umgang mit dem jeweiligen Thema.

! Achtung

Warnungen weisen auf mögliche Fehlerquellen oder Stolpersteine im Zusammenhang mit einem Thema hin.

Die Form der Anrede

Um den Lesefluss nicht zu beeinträchtigen, verwenden wir im vorliegenden Buch bei personenbezogenen Substantiven und Pronomen zwar nur die gewohnte männliche Sprachform, meinen aber gleichermaßen Personen weiblichen und diversen Geschlechts.

Hinweis zum Urheberrecht

Sämtliche in diesem Buch abgedruckten Screenshots unterliegen dem Copyright der SAP SE. Alle Rechte an den Screenshots hält die SAP SE. Der Einfachheit halber haben wir im Rest des Buches darauf verzichtet, dies unter jedem Screenshot gesondert auszuweisen.

1 Einleitung

Die SAP-Datenarchivierung ist ein umfangreiches und komplexes Thema. In diesem Kapitel vermitteln wir Ihnen einleitend ein Verständnis für die Grundlagen, damit Sie für die weiteren Kapitel dieses Buches und vor allem für Ihre zukünftigen Projekte bestens vorbereitet sind. Hierzu erläutern wir Ihnen den Nutzen der SAP-Datenarchivierung und gehen auf die notwendigen technischen Rahmenbedingungen ein.

Die Datenarchivierung spielt im Zusammenhang mit SAP-Systemen bereits seit Ende der 1990er-Jahre eine Rolle. Das Archivieren von Daten dient zur Sicherung und Löschung von Massendaten aus der Datenbank, die aufgrund ihrer Speichergröße einen negativen Einfluss auf die Leistung des Systems haben. Da viele Daten trotzdem noch benötigt werden, werden diese vor ihrer Löschung aus der Datenbank auf revisionssicheren Speicherorten gesichert.

Mit der fortschreitenden Digitalisierung unserer Gesellschaft und dem stetig steigenden Datenaufkommen hat sich die Datenarchivierung in SAP-Systemen zu einer umfangreichen und überaus relevanten Aufgabe für den gesetzeskonformen Betrieb eines leistungsorientierten SAP-Systems entwickelt. Die Marktforschungsplattform Statista hat in einer Studie den Umfang der weltweit generierten Daten im Jahr 2020 erhoben und kam auf ein Ergebnis von 64,2 Zettabyte. Laut Statista-Prognose werden sich neu generierte Daten im Jahr 2025 auf 181 Zettabyte verdreifachen. Ein Zettabyte entspricht umgerechnet einer Billion Gigabyte bzw. 10^{21} Byte [1].

Diese Datengenerierung erfolgt selbstverständlich auch in Unternehmen. Unter den dort verarbeiteten Daten befinden sich unter anderem Konsumentendaten, die im Rahmen des Customer Relationship Management (CRM) genutzt werden. Diese ermöglichen es, auf die Anfragen, Interessen und das Kaufverhalten von Konsumenten einzugehen. Ebenso entstehen Daten, die mit internen Zwecken des Unternehmens zu tun haben. Dazu zählen beispielsweise Anwendungsdaten aus dem

Controlling zu abgeschlossenen Geschäftsvorfällen, die häufig für das Reporting genutzt werden.

Heutzutage stellen Daten eine wertvolle Ressource für den Erfolg und die Wettbewerbsfähigkeit von Unternehmen dar. Deshalb besteht ein großes Interesse, sie lange in IT-Systemen aufzubewahren. So bleiben generierte Daten meist über Jahre im Unternehmen gespeichert, und es ist mittlerweile nicht mehr ungewöhnlich, dass sich ihr Volumen auf mehrere Terabyte summiert.

Das hohe Aufkommen von Massendaten wirkt sich negativ auf die Leistung Ihres SAP-Systems aus. Mit der SAP-Datenarchivierung können Sie das Datenbankwachstum gezielt kontrollieren und die Performance ihres SAP-Systems langfristig sicherstellen.

Des Weiteren sind gesetzliche Vorgaben hinsichtlich der zeitlichen Verfügbarkeit bestimmter Daten zwingend zu berücksichtigen. Sie schreiben eine sichere Aufbewahrung statt direkter Löschung von sensiblen Daten vor – eine Anforderung, die sich mit der SAP-Datenarchivierung erfüllen lässt. Der Gesetzgeber bestimmt, welche der verarbeiteten Daten auf welchen Datenträgern für welchen Zeitraum zu Kontrollzwecken aufbewahrt werden müssen, bevor sie gelöscht werden dürfen.

Doch sind die erläuterten Faktoren nicht die einzigen Herausforderungen an Unternehmen, wenn es um eine durchdachte Datenarchivierung geht – zumindest dann nicht, wenn sie mit der ERP-Software von SAP arbeiten. Die SAP SE kündigte mit der Einführung ihres neuesten Systems S/4HANA an, die Wartung und den zukünftigen Service für die Vorgängerversionen des ERP 6.0 nach 2027 einzustellen. Somit sind Firmen nun gezwungen, nicht nur die richtlinienkonforme Datenarchivierung in ihren Systemen umzusetzen, sondern auch die Umstellung zur neuen Software zu meistern. Auch hierbei rückt das Thema »Datenarchivierung« immer weiter in den Fokus. Denn je nach Auswahl der Migrationsstrategie stellt sich die Frage, welche der alten Daten übernommen werden und welche archiviert oder gelöscht werden sollen.

1.1 Theoretische Grundlagen

Einfach ausgedrückt, werden mit der SAP-Datenarchivierung Daten, die nicht mehr im System für einen häufigen Zugriff benötigt werden bzw. aufgrund von starkem Datenwachstum nicht ständig »mitgeschleppt« werden sollen, aus der Datenbank entfernt, bleiben aber mittels eines Archivzugriffs weiterhin zugänglich. Sie werden beim Archivierungslauf aus den SAP-Tabellen entnommen, mit einem Schreibprogramm in Archivdateien geschrieben und in der Regel in einem externen Archivsystem abgelegt. Anschließend entfernt ein Löschprogramm sie endgültig aus der Datenbank. Hierzu stehen verschiedene Möglichkeiten zur Verfügung, die je nach Kritikalität der Daten sorgfältig zu wählen sind. Die Daten können parallel zum Schreiben in die Archivdateien, im Anschluss daran oder zu einem späteren Zeitpunkt aus der Datenbank gelöscht werden. Im Grunde ist die Datenarchivierung vollständig abgeschlossen, sobald diese beiden Phasen erfolgreich durchlaufen sind.

Einen Überblick über den Prozess der Datenarchivierung gibt Abbildung 1.1.

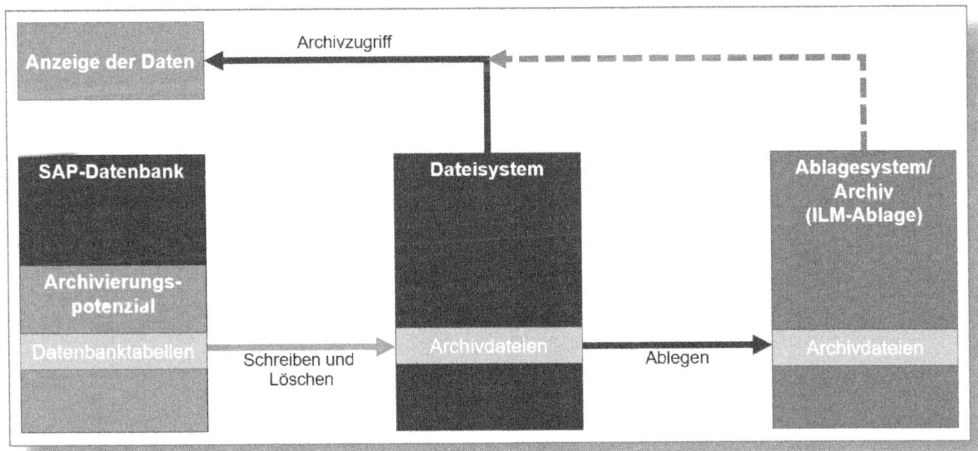

Abbildung 1.1: Prozess der Datenarchivierung

Nachdem die archivierten Daten für die vorgegebene Zeit im Archiv aufbewahrt worden sind, können sie final vernichtet werden, sofern keine weitere Nutzung gefordert oder geplant ist. Die Verweildauer der Dateien im Archiv wird *Aufbewahrungszeit* genannt. Aufbewahrungsfristen sind für gesetzlich relevante Daten vorgeschrieben. Für Daten, die keinen rechtlichen Aufbewahrungsfristen unterliegen, können Anwender eigene Aufbewahrungszeiten bestimmen.

Was sich zunächst nach einer simplen Aufgabe anhört, stellt sich insbesondere für Konzerne als eine gigantische Herausforderung dar. Die Datenarchivierung ist seit geraumer Zeit keine rein technische Aufgabe mehr. Ja, Ihre IT-Abteilung kann analysieren, wo sich größere Datenmengen ansammeln und an welchen Stellen in Zukunft Beeinträchtigungen der Systemleistung zu erwarten sind. Betrachten Sie jedoch die SAP-Datenarchivierung lediglich aus dieser rein technischen Sicht, schließen Sie relevante Aspekte wie das Erfüllen gesetzlicher Vorschriften aus. Zudem missachten Sie unter Umständen die Bedürfnisse verschiedener Fachabteilungen, die bestimmte Daten als weiterhin relevant einstufen. Es ist deshalb empfehlenswert, Rücksprache mit den betroffenen Fachabteilungen und der Rechtsabteilung zu halten, um herauszufinden, welche Daten Sie ab wann nicht mehr benötigen und aus dem System entfernen können.

1.2 Nutzen der Datenarchivierung

Die Motive für die SAP-Datenarchivierung können je nach Anwendungsfall unterschiedlich sein. Die drei Hauptgründe für eine Datenarchivierung sind die Instandhaltung und Verbesserung der Systemleistung, die Reduktion von Kosten sowie die Einhaltung gesetzlicher Vorschriften.

1.2.1 Performance des SAP-Systems sicherstellen

Einer der für Unternehmen überzeugendsten Gründe der SAP-Datenarchivierung ist, dass ihnen nach der Entfernung von Daten neuer Speicherplatz im SAP-System zur Verfügung steht. So lässt sich das klassische Problem der Leistungsminderung lösen, das bei hohem Datenaufkommen entsteht.

Daten werden im SAP-System in verschiedenen Tabellen Ihrer Datenbank gespeichert. Rechnungsdaten im Einkauf stehen beispielsweise in der Tabelle RBKP, wobei das Datenaufkommen mit jeder ein- und ausgehenden Rechnung im Einkauf wächst. Das führt dazu, dass sich die Antwortzeiten im System verlängern. Damit Nutzer das volle Potenzial des Systems ausschöpfen und Geschäftsprozesse unbeeinträchtigt durchführen können, ist jedoch eine hohe Reaktionsgeschwindigkeit erforderlich. Je weniger Daten sich während eines Abrufs auf der Datenbank befinden, desto schneller wird die Reaktionsgeschwindigkeit. Durch ein schlankeres SAP-System verkürzen sich außerdem die Zeiten für Backups und Updates.

1.2.2 Kostenreduktion

Ein weiterer Nutzen der Datenarchivierung besteht in der Möglichkeit der Kostenreduktion. Der Speicherplatz auf der Datenbank ist oftmals mit einem hohen finanziellen Aufwand verbunden, der sich mithilfe der Datenarchivierung auf einem externen Archivsystem umgehen lässt. Zudem sind Archivdateien im Vergleich zur Ursprungsdatei meistens sehr stark komprimiert, wodurch mehr Daten deutlich günstiger abgelegt und aufbewahrt werden können. Die Höhe der Kostenersparnis hängt jedoch davon ab, wie sorgfältig Sie Ihr Archivierungsprojekt planen. Ein zu wenig durchdachtes Projekt kann durchaus auch zum Kostentreiber werden.

In jedem Fall bringt eine frühzeitige und sauber strukturierte Projektdurchführung Ihrem Unternehmen eine erhebliche Kostenersparnis.

1.2.3 Gesetzliche Anforderungen an die SAP-Datenarchivierung

Für Unternehmen spielt das Thema »Produkthaftung« eine große Rolle. Wer ein Produkt in Umlauf bringt, muss laut *Produkthaftungsgesetz* für eventuelle Sach- und Personenschäden in Haftung treten. Gemäß § 199 Abs. 3 BGB verjährt der Schadenersatzanspruch in besonderen Fällen erst 30 Jahre nach dem Ereignis, das den Schaden verursacht hat. Deshalb ist meist eine Aufbewahrung von Daten über den vollen Zeitraum sinnvoll. In jedem Fall muss der Inverkehrbringer oder Händler beweisen, dass nach damaligem Stand der Technik weder bei der Entwicklung noch bei der Fertigung Fehler gemacht wurden. Zu diesem Zweck werden technische Dokumentationen geführt und archiviert.

Daneben bestehen zahlreiche gesetzliche Anforderungen zur Datenarchivierung. So müssen etwa gesetzlich und insbesondere steuerlich relevante Daten für Maßnahmen von betrieblichen Prüfungen sicher abgelegt werden, bevor sie endgültig aus dem System gelöscht werden dürfen. Die Planung und Sicherstellung, welche Daten wie lange und in welcher Form aufbewahrt werden müssen, fallen ebenfalls unter die Pflichten der Datenarchivierung. Die Anforderungen stammen dabei aus verschiedenen Quellen. So sind beispielsweise in Deutschland die Abgabenordnung (AO) sowie die EU-DSGVO (EU-Datenschutz-Grundverordnung) zu beachten. Hinzu kommt, dass international agierende Unternehmen die gesetzlichen Vorgaben verschiedener Staaten berücksichtigen müssen, wodurch sich das Thema umso anspruchsvoller und aufwendiger gestaltet.

Folgende Aspekte müssen bei der Datenaufbewahrung gemäß gesetzlichen Richtlinien beachtet werden:

- Ort der Aufbewahrung
- Aufbewahrungszeit
- Aufbewahrungsumfang
- Datenzugriff

- Datenträgerüberlassung
- Technologie und Archivmedien

Um Ihnen einen Einblick in die relevanten Gesetze im Kontext der SAP-Datenarchivierung zu geben, finden Sie im Folgenden einige Auszüge aus den jeweiligen Gesetztestexten.

Zuerst führen wir Gesetze auf, die für die Wirtschafts- und Steuerprüfung relevant sind. Von Bedeutung sind hierbei insbesondere die Gesetze aus der *Abgabenordnung (AO)*, dem *Handelsgesetzbuch (HGB)* und darüber hinaus die Richtlinien aus den *Grundsätzen zur ordnungsmäßigen Führung und Aufbewahrung von Büchern, Aufzeichnungen und Unterlagen in elektronischer Form sowie zum Datenzugriff (GoBD)*, schließlich die *Wirtschaftsprüfungsgrundsätze* des Instituts der Wirtschaftsprüfer in Deutschland (IDW). Exemplarisch werden in Tabelle 1.1 und Tabelle 1.2 jeweils Auszüge aus dem jeweiligen Gesetz bzw. der entsprechenden Richtlinie dargestellt.

Quelle	Inhalt	Anforderung
§ 146 Abs. 2, 2a, 2b AO	Bücher und die sonst erforderlichen Aufzeichnungen sind im Geltungsbereich dieses Gesetzes zu führen und aufzubewahren. Dies gilt nicht, soweit für Betriebstätten außerhalb des Geltungs bereichs dieses Gesetzes nach dortigem Recht eine Verpflichtung besteht, Bücher und Aufzeichnungen zu führen, und diese Verpflichtung erfüllt wird. In diesem Fall sowie bei Organgesellschaften außerhalb des Geltungsbereichs dieses Gesetzes müssen die Ergebnisse der dortigen Buchführung in die Buchführung des hiesigen Unternehmens übernommen werden, soweit sie für die Besteuerung von Bedeutung sind. Dabei sind die erforderlichen Anpassungen an die steuerrechtlichen Vorschriften im Geltungsbereich dieses Gesetzes vorzunehmen und kenntlich zu machen [...].	Ort der Aufbewahrung

Quelle	Inhalt	Anforderung
§147 Abs. 1 AO	Die folgenden Unterlagen sind geordnet aufzubewahren: 1. Bücher und Aufzeichnungen, Inventare, Jahresabschlüsse, Lageberichte, die Eröffnungsbilanz sowie die zu ihrem Verständnis erforderlichen Arbeitsanweisungen und sonstigen Organisationsunterlagen, 2. die empfangenen Handels- oder Geschäftsbriefe, 3. Wiedergaben der abgesandten Handels- oder Geschäftsbriefe, 4. Buchungsbelege, 4a. Unterlagen nach Artikel 15 Absatz 1 und Artikel 163 des Zollkodex der Union, 5. sonstige Unterlagen, soweit sie für die Besteuerung von Bedeutung sind.	
§147 Abs. 3 AO	Die in Absatz 1 Nr. 1, 4 und 4a aufgeführten Unterlagen sind zehn Jahre, die sonstigen in Absatz 1 aufgeführten Unterlagen sechs Jahre aufzubewahren [...].	Aufbewahrungszeit
§ 147 Abs. 6 AO	Sind die Unterlagen nach Absatz 1 mit Hilfe eines Datenverarbeitungssystems erstellt worden, hat die Finanzbehörde im Rahmen einer Außenprüfung das Recht, Einsicht in die gespeicherten Daten zu nehmen und das Datenverarbeitungssystem zur Prüfung dieser Unterlagen zu nutzen. Sie kann im Rahmen einer Außenprüfung auch verlangen, dass die Daten nach ihren Vorgaben maschinell ausgewertet oder ihr die gespeicherten Unterlagen und Aufzeichnungen auf einem maschinell verwertbaren Datenträger zur Verfügung gestellt werden [...].	Datenträgerüberlassung

Tabelle 1.1: Abgabenordnung (AO)

Quelle	Inhalt	Anforderung
Rz. 8–10 GoBD BMF-Schreiben	Bücher und die sonst erforderlichen Aufzeichnungen können nach § 146 Absatz 5 AO auch auf Datenträgern geführt werden, soweit diese Form der Buchführung einschließlich des dabei angewandten Verfahrens den GoB entspricht [...]. Bei Aufzeichnungen, die allein nach den Steuergesetzen vorzunehmen sind, bestimmt sich die Zulässigkeit des angewendeten Verfahrens nach dem Zweck, den die Aufzeichnungen für die Besteuerung erfüllen sollen [...].	Ort der Aufbewahrung
Rz. 113–129 GoBD BMF-Schreiben	Der sachliche Umfang der Aufbewahrungspflicht in § 147 Absatz 1 AO besteht grundsätzlich nur im Umfang der Aufzeichnungspflicht (BFH-Urteil vom 24. Juni 2009, BStBl II 2010 S. 452; BFH-Urteil vom 26. Februar 2004, BStBl II S. 599) [...].	Aufbewahrungszeit
Rz. 158 GoBD BMF-Schreiben	Die Finanzbehörde hat das Recht, die mit Hilfe eines DV-Systems erstellten und nach § 147 Absatz 1 AO aufbewahrungspflichtigen Unterlagen durch Datenzugriff zu prüfen. Das Recht auf Datenzugriff steht der Finanzbehörde nur im Rahmen der gesetzlichen Regelungen zu (z. B. Außenprüfung und Nachschauen). Durch die Regelungen zum Datenzugriff wird der sachliche Umfang der Außenprüfung (§ 194 AO) nicht erweitert; er wird durch die Prüfungsanordnung (§ 196 AO, § 5 BpO) bestimmt.	Datenträgerüberlassung

Tabelle 1.2: Richtlinien nach GoBD

Ebenso wie die wirtschafts- und steuerprüfungsrelevanten Vorschriften stellen die Datenschutzrichtlinien der *EU-DSGVO (EU-Datenschutz-Grundverordnung)* eine große Herausforderung für die Datenarchivierung in SAP-Systemen dar. Das Inkrafttreten der EU-DSGVO mit ihren

99 Artikeln am 25. Mai 2018 hat die Anforderungen an den Datenschutz für in der Europäischen Union ansässige Unternehmen – und ebenso für Unternehmen aus anderen Ländern, soweit sie Daten von EU-Bürgern verarbeiten – deutlich verschärft. Im Wesentlichen soll die unberechtigte Nutzung von personenbezogenen Daten ausgeschlossen und deren Löschung nach einer gewissen Zeit sichergestellt werden. Zu den personenbezogenen Daten gehören jene Informationen, die eine natürliche Person identifizierbar machen. Die EU-DSGVO muss zeitnah umgesetzt werden, bei Nichteinhaltung ihrer Richtlinien kann laut Artikel 83 Absatz 5 ein Bußgeld von bis zu 20 Millionen Euro oder bis zu vier Prozent des Jahresumsatzes verhängt werden.

In Tabelle 1.3 sind die wichtigsten Artikel der EU-DSGVO übersichtlich dargestellt.

Quelle	Inhalt
Kapitel 1 Artikel 1 EU-DSGVO	Diese Verordnung enthält Vorschriften zum Schutz natürlicher Personen bei der Verarbeitung personenbezogener Daten und zum freien Verkehr solcher Daten. Diese Verordnung schützt die Grundrechte und Grundfreiheiten natürlicher Personen und insbesondere deren Recht auf Schutz personenbezogener Daten [...].
Kapitel 2 Artikel 7 EU-DSGVO	Beruht die Verarbeitung auf einer Einwilligung, muss der Verantwortliche nachweisen können, dass die betroffene Person in die Verarbeitung ihrer personenbezogenen Daten eingewilligt hat [...].
Kapitel 3 Artikel 17 EU-DSGVO	Die betroffene Person hat das Recht, von dem Verantwortlichen zu verlangen, dass sie betreffende personenbezogene Daten unverzüglich gelöscht werden, und der Verantwortliche ist verpflichtet, personenbezogene Daten unverzüglich zu löschen [...].

Tabelle 1.3: Artikel der EU-DSGVO

1.2.4 Transformation von ERP zu S/4HANA

Der Wechsel von SAP ERP zu *SAP S/4HANA* gehört zu den komplexesten Aufgaben in SAP-Projekten. Bei einem Umstieg auf das neue System stehen neben den Geschäftsprozessen vor allem die Daten im Fokus. Hierbei stellt sich die zentrale Frage, welche Daten im Rahmen der Transformation übernommen werden und welche ins Archiv wandern sollen. Schließlich ist der schnelle Arbeitsspeicher in S4/HANA eine teure Investition und soll nicht mit unnötigen Daten belastet werden. Angesichts dessen müssen sich die Unternehmen mit einer passenden Migrationsstrategie beschäftigen, um die Transformation möglichst problemlos zu gestalten. Die Archivierung nicht mehr benötigter Daten sollte demnach **vor** der Systemtransformation stattfinden, da sie den Umstieg vereinfacht, die hierfür benötigte Zeit verkürzt und die Kosten reduziert. Die Selektion dieser Daten und die Planung bzw. Umsetzung des Archivierungslaufs kann jedoch einige Monate, wenn nicht Jahre dauern. Zu berücksichtigen ist unter anderem, dass die Daten während der Transformation in der Regel noch aktiv genutzt werden sollen, was die Komplexität der Aufgabe nochmals erhöht. Viele große Beratungsunternehmen sind sich dessen bewusst und haben hierfür eigene Strategien und Services in ihrem Portfolio.

In diesem Kapitel wurden der Nutzen und die Notwendigkeit der Datenarchivierung in ausführlicher Form dargestellt. Es ist unschwer erkennbar, dass die Datenarchivierung in SAP-Systemen insbesondere durch neue Anforderungen auch in Zukunft ihre Bedeutung behalten wird.

1.3 Technische Rahmenbedingungen der Archivierung

Nachdem wir nun umfangreich erörtert haben, wie wichtig die SAP-Datenarchivierung ist, beschäftigt sich dieser Abschnitt mit den technischen Rahmenbedingungen, unter denen Sie die SAP-Datenarchivierung durchführen. Im Einzelnen geht es dabei um den Aufbau Ihrer SAP-Systemlandschaft, die verschiedenen Ablageoptionen für Ihre Archivdateien sowie die dazugehörigen Schnittstellen.

1.3.1 SAP-Landschaften

Wir möchten Ihnen die gängigsten *SAP-Landschaften* vorstellen, in denen die SAP-Datenarchivierung durchgeführt werden kann. Generell unterteilt man SAP-Landschaften in drei Kategorien:

- einfache SAP-Landschaften (3-Systemlandschaft)
- erweiterte SAP-Landschaften
- komplexe SAP-Landschaften

Einfache SAP-Landschaften

Die einfache SAP-Landschaft beinhaltet ein Entwicklungs-, ein Qualitätssicherungs- und ein Produktivsystem. Diese Umgebung findet sich meist in kleineren Unternehmen mit überschaubaren betriebswirtschaftlichen Prozessen (Abbildung 1.2).

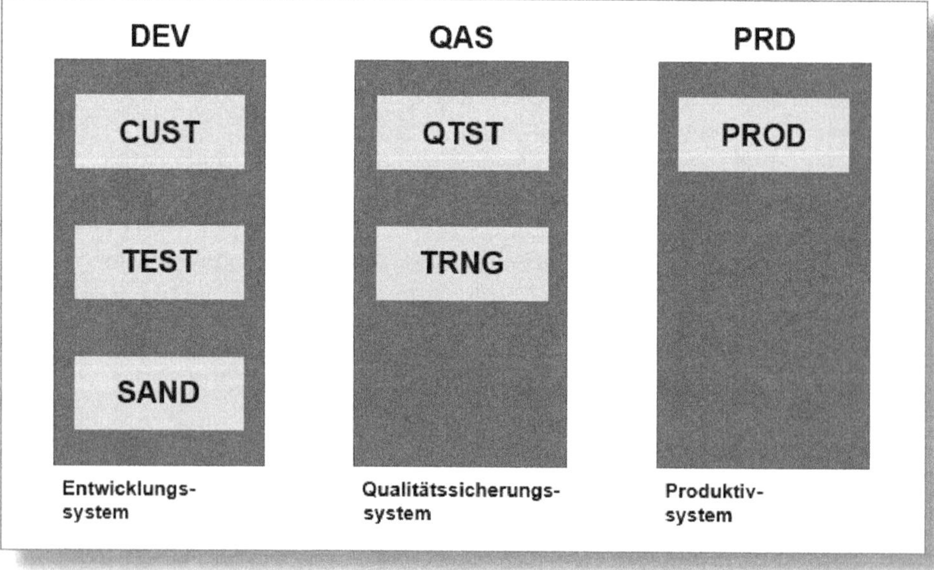

Abbildung 1.2: Einfache SAP-Landschaft

Im Hinblick auf eine Datenarchivierung sind diese Landschaften am unkompliziertesten. Sie beginnen das Projekt in der Umgebung des Entwicklungssystems. Alternativ zur Ersteinrichtung im Entwicklungssystem können Sie eine Sandbox erstellen und als erste Instanz nutzen. In dieser Phase nehmen Sie das Customizing vor und führen erste Tests zu Archivierungsläufen durch. Dabei lassen sich erste eventuelle Fehlerquellen identifizieren und OSS-Hinweise einspielen.

Nach der Einrichtung und dem Testen im Entwicklungssystem transportieren Sie die Funktionalitäten in das Qualitätssicherungssystem. Sie wiederholen den Vorgang und leiten einen Freigabeprozess ein. So beziehen Sie beispielsweise die Fachabteilungen in Workshops in das Thema »SAP-Datenarchivierung« ein. Dabei geht es darum, den Zugriff auf archivierte Daten zu testen. Des Weiteren können Sie die Daten auf Vollständigkeit und mögliche Inkonsistenzen überprüfen. Ist auch dieser Schritt erfolgreich, wird das Customizing im Produktivsystem für den Go-live umgesetzt.

Release-Stände auf den Systemen prüfen

Wichtig ist zu beachten, dass die verschiedenen Systeme unter Umständen unterschiedliche Release-Stände besitzen. Dadurch verhalten sich verschiedene Funktionen möglicherweise nicht identisch, sodass eine exakte Übertragung der Funktionalität ins Produktivsystem nicht gewährleistet ist. Ein solcher Fall kann bei Upgrades vorkommen und ist meist temporär. Dennoch sollten Sie die Problematik nicht außer Acht lassen.

Erweiterte SAP-Landschaften

In der erweiterten SAP-Landschaft ist zusätzlich zum SAP-ERP-System noch ein weiteres System eingebunden. Es gibt verschiedene Systeme zur Erweiterung, die auch unterschiedlichen Einflüssen nach einer SAP-Datenarchivierung unterliegen können. Ein Beispiel ist das SAP Business Warehouse (BW), das als Datenquelle für das Reporting dient. Für eine effizientere Datenübertragung lädt das SAP-System Daten zum SAP BW. Das ist bei der SAP-Datenarchivierung zu bedenken.

Es ist kein Full-Upload der Daten aus SAP ERP nach SAP BW mehr möglich, wenn Sie die Daten in SAP ERP zuvor bereits archiviert haben. Die Daten aus SAP ERP werden in SAP BW für ein schnelleres Reporting benötigt. Damit die Daten hierfür vollständig sind, ist es notwendig, die Archivierung erst **nach** der Datenübergabe von ERP zu BW zu veranlassen. Sie müssen also unbedingt das vollständige Hochladen der Daten in das SAP BW abwarten, bevor diese aus dem SAP ERP archiviert werden. Im SAP BW werden die im ERP archivierten Daten dann dennoch im Quellsystem abrufbar sein. Die Archivierung der Daten wird die bereits übergebenen Daten im BW nicht mitarchivieren. Die übergebenen Daten im BW müssten bei Bedarf separat archiviert werden.

Komplexe SAP-Landschaften

Von komplexen Landschaften spricht man, wenn mehrere SAP-Systeme produktiv genutzt werden. Das findet man meist in großen Unternehmen mit mehreren Abteilungen, die beispielsweise pro Bereich ein separates SAP-System besitzen. Verschiedene Abteilungen haben in diesem Fall ein eigenes System pro Modul. Demnach gäbe es ein System für das Modul FI, ein eigenes für SD, ein eigenes für HCM etc. im produktiven Einsatz. Diese Systeme sind durch Schnittstellen zur Datenübertragung und Datenkommunikation miteinander verbunden. In der Datenarchivierung muss deshalb eine genaue Analyse der Abläufe durchgeführt werden, um in der komplexen SAP-Landschaft eine harmonisierte Datenarchivierung zu konzipieren.

Des Weiteren gibt es Schnittstellen, die zwischen einem SAP-System und Nicht-SAP-System bestehen. Diese Art von Komplexität bedarf bei der Datenarchivierung einer individuellen Handhabung.

Aufgrund der speziellen Besonderheiten jeder IT-Systemlandschaft betrachten wir im weiteren Verlauf dieses Buches lediglich die einfache SAP-Landschaft als Ausgangspunkt.

1.3.2 Ablageoptionen und Schnittstellen

Ablageoptionen

Führen Sie ein SAP-Datenarchivierungsprojekt durch, ist es besonders wichtig, welche *Ablageoption* Sie wählen. Mit Ablageoption ist der sichere Aufbewahrungsort für ihre Archivdateien gemeint. Damit Sie hier eine optimale Entscheidung treffen können, stellen wir Ihnen im Folgenden die verschiedenen Möglichkeiten vor.

Externe Medien

In früheren Jahren war es üblich, Archivdateien auf externen Datenträgern abzulegen. Zu den verwendeten physischen Ablagemedien zählten insbesondere optische Datenträger oder Discs, Magnetbänder, externe Festplatten sowie USB-Sticks. Diese finden heute in der Praxis so gut wie keine Anwendung mehr. Archivierte Daten auf externen Medien müssen an einem abgesicherten Ort aufbewahrt werden und sind zudem aus dem SAP-System nicht mehr aufrufbar.

Auch wenn sich diese Speichermedien als langfristiges Archivmedium nicht durchgesetzt haben, können sie dennoch im Rahmen einer Wirtschafts- oder Steuerprüfung für eine Datenträgerüberlassung infrage kommen. Darüber hinaus eignen sie sich für Datensicherungsmaßnahmen wie Backups.

Datenbank

Die bei der klassischen Datenarchivierung angewandte Datenbankablage erfolgt mit der Inhaltstabelle. Hierfür bietet SAP die Standardtabellen FSYSCONT und SDOKCONT1 an. Die Tabellen können auch in der Transaktion *SE11* als Vorlage dienen, um eine eigene Tabelle für die Ablage zu erzeugen. Denken Sie daran, dass die neu erstellte Tabelle zuerst aktiviert werden muss, bevor sie genutzt werden kann.

Diese Ablageoption eignet sich gut für Dokumente mit geringem Speicherplatzbedarf wie etwa PDF-Dateien. Haben Sie eine größere Anzahl von Dokumenten oder Archivdateien mit mehr Speicherbedarf, sollten Sie besser auf ein Archivsystem ausweichen, um das SAP-System nicht zu sehr zu belasten.

Damit Sie die Datenbank als Ablage nutzen können, benötigen Sie Content Repositories. Darunter versteht man logische Ablagebereiche, in denen Dateien strukturiert abgelegt werden.

Eine weitere Möglichkeit zur Ablage von Archivdateien auf der Datenbank bietet das Information Lifecycle Management (SAP ILM) mit dem ILM-Store. Durch diese Funktion können Archivdateien auf einer sekundären externen Datenbank wie SAP IQ abgelegt werden. Diese Methode findet jedoch überwiegend Anwendung in der erweiterten Datenarchivierung mit SAP ILM.

Literaturtipp zu SAP ILM

Da wir uns in diesem Buch auf die klassische Datenarchivierung fokussieren, wird diese Option nicht weiter behandelt. Wir möchten an dieser Stelle auf unser Buch »Praxishandbuch Retention Management und DSGVO mit SAP ILM« (Espresso Tutorials, 2024) aufmerksam machen.

Dateisystem

Das Dateisystem wird grundsätzlich als temporäres Übergabe- bzw. Austauschverzeichnis verwendet, von dem die archivierten Daten nach dem Erstellen auf ein Archivsystem überspielt werden. Falls Sie kein Archivsystem anschaffen möchten, kann das Dateisystem als Ablageoption fungieren. Hier gilt es zu beachten, dass die Daten nicht revisionssicher gelagert sind und jederzeit gelöscht werden können. Sollten Sie diese Ablageoption in Betracht ziehen, raten wir Ihnen dringend dazu, zusätzliche Maßnahmen zur Revisionssicherheit zu ergreifen.

In diesem Fall wären Ihre Daten revisionssicher, sofern Sie regelmäßige Sicherungen der Archivdateien auf externen Medien generieren. Für die Ablage auf dem Dateisystem können Sie die im SAP-Standard vorhandenen Verzeichnisse nutzen oder in der Transaktion *AL11* ein neues Directory anlegen.

Archivsystem

Es ist üblich, eine externe Lösung zur Aufbewahrung von Archivdateien zu nutzen. Für ein externes Archivsystem stehen die Schnittstellen ArchiveLink und WebDAV zur Verfügung. Das Archivsystem gilt als revisionssicher und verhindert ein vorzeitiges Vernichten der aufbewahrungspflichtigen Daten, sofern Sie Ihre SAP-Datenarchivierung korrekt implementieren.

Eine wichtige Voraussetzung für die Nutzung des Archivsystems ist die technische Verbindung zum SAP-System. Hierbei müssen gegenseitig Zertifikate zwischen dem SAP- und dem Archivsystem ausgetauscht und installiert werden, damit die Kommunikation reibungslos funktioniert. Wie auch bei der Ablage auf der Datenbank brauchen Sie auf einem Archivsystem mit ArchiveLink-Schnittstelle Content Repositories für die logische Ablage Ihrer Archivdateien.

Cloud-Systeme

Eine moderne Alternative für die Ablage von archivierten Daten sind Cloud-Lösungen, wie Microsoft Azure Blob Storage. Diese erfordern keine eigene Hardware und sind in der Regel günstiger als ein eigener Archivserver. Allerdings sollten Unternehmen immer sicherstellen, dass ihre Daten vor der Verarbeitung durch Dritte geschützt sind, insbesondere wenn es um sensible Daten, beispielsweise gesetzlich aufbewahrungspflichtige Daten, geht.

Da es sich um eine zukunftsträchtige Möglichkeit handelt, gehen wir genauer auf das Thema »Cloud als Ablageoption« ein und stellen Ihnen exemplarisch Microsoft Azure Blob Storage vor.

Azure Blob Storage ist ein Cloud-basierter Dienst von Microsoft, der es Unternehmen ermöglicht, unstrukturierte Daten wie Bilder, Videos, Dokumente und Backup-Daten in einer skalierbaren und sicheren Umgebung zu speichern. Das Modell können Sie auch verwenden, um archivierte Daten aus SAP-Systemen zu abzulegen. Das bringt Ihnen mehrere Vorteile:

- **Skalierbarkeit:** Azure Blob Storage ermöglicht es Ihnen, Ihre Archivdatenmenge je nach Ihren Geschäftsbedürfnissen zu skalieren.
- **Kosteneffizienz:** Sie sparen die Kosten für den Kauf und die Wartung von Speicherhardware.
- **Sicherheit:** Sie können erweiterte Sicherheitsfunktionen wie Verschlüsselung und Zugriffssteuerung nutzen, außerdem haben Sie die Möglichkeit, Daten in geografisch getrennten Regionen zu replizieren, um die Datensicherheit zu gewährleisten.
- **Verfügbarkeit:** Azure Blob Storage bietet hohe Verfügbarkeit und Wiederherstellbarkeit, um sicherzustellen, dass die archivierten Daten jederzeit verfügbar sind, wenn sie benötigt werden.

Um Azure Blob Storage für die SAP-Datenarchivierung zu verwenden, erstellen Sie zunächst ein Azure-Konto und einen Blob-Speichercontainer. Dann stellen Sie eine Verbindung zwischen Ihrem SAP-System und Azure Blob Storage her, indem Sie entweder ein SAP-eigenes Archivierungstool verwenden oder ein Archivierungstool eines Drittanbieters, das mit Azure Blob Storage integriert ist. Nachdem die Verbindung hergestellt worden ist, können Sie Ihre SAP-Daten auf Azure Blob Storage archivieren, sie bei Bedarf wiederherstellen und dann über das Azure-Portal oder das Azure-Storage-API verwalten und analysieren.

Bitte beachten Sie, dass das genaue Vorgehen bei der Verwendung von Azure Blob Storage für die SAP-Datenarchivierung von der SAP-Umgebung in Ihrem Unternehmen abhängt. Wir empfehlen Ihnen daher, sich an einen erfahrenen SAP-Berater oder einen Microsoft-Partner zu wenden, um sicherzustellen, dass die Archivierung erfolgreich durchgeführt wird und den Anforderungen entspricht. Außerdem bringt es die Speicherung Ihrer Daten in der Cloud mit sich, dass diese außerhalb Ihres eigenen Unternehmensnetzwerks und möglicherweise sogar außerhalb des eigenen Landes abgelegt werden. Es ist deshalb wichtig, dass Sie die rechtlichen und regulatorischen Anforderungen bezüglich der Aufbewahrungspflicht und Revisionssicherheit kennen, die für die Archivierung von Daten in einer Cloud-Umgebung gelten.

Um Ihnen die Entscheidung zu erleichtern, geben wir Ihnen abschließend noch einmal eine Übersicht über die Ablageoptionen (Abbildung 1.3) sowie über deren Vor- und Nachteile (Tabelle 1.4).

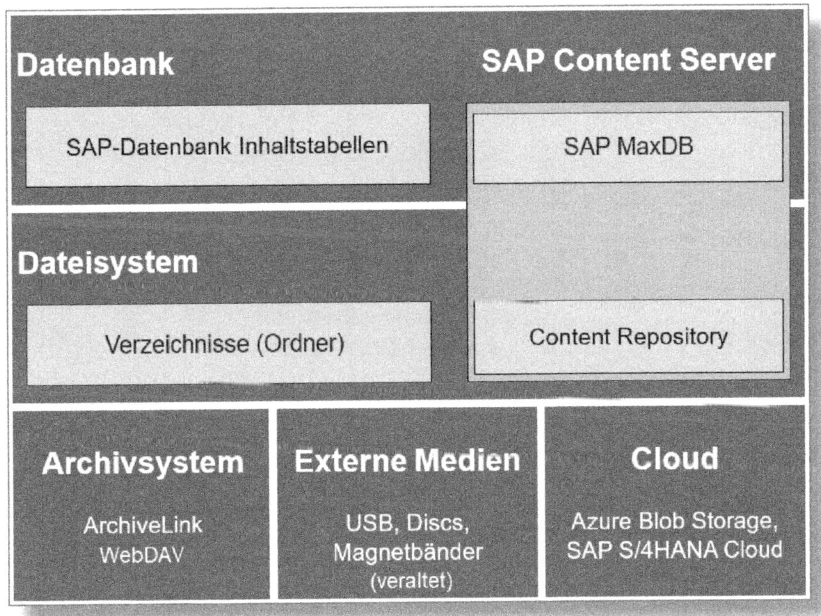

Abbildung 1.3: Ablageoptionen – Übersicht

Ablageoption	Vorteile	Nachteile
Datenbank	▶ schneller Zugriff auf archivierte Daten ▶ keine Kosten für externes Archivsystem	▶ aufgrund von Inhaltstabellen für große Datenmengen ungeeignet
Dateisystem	▶ schneller Zugriff auf archivierte Daten ▶ keine Kosten für externes Archivsystem	▶ begrenzter Speicherplatz auf dem Dateisystem ▶ Gefährdung der Revisionssicherheit
Archivsystem	▶ hohe Sicherheit und Skalierbarkeit ▶ günstiger Speicherplatz	▶ einmalige Anschaffungskosten sowie fortlaufende Wartungskosten ▶ Archivsystem meist langsamer als andere Optionen
Cloud	▶ schneller Zugriff auf archivierte Daten ▶ hohe Skalierbarkeit	▶ fortlaufende Kosten

Tabelle 1.4: Ablageoptionen – Vor- und Nachteile

Schnittstellen

Haben Sie sich für eine geeignete Ablageoption entschieden, müssen Sie die Kommunikation zwischen der Ablage und dem SAP-System herstellen. Hierfür bieten sich diverse Schnittstellen und Technologien an, die mit den zu vorher erwähnten Ablageoptionen kompatibel sind. Schnittstellen ermöglichen es Unternehmen, ihre Dateien und Dokumente zentral zu verwalten und an einem Ablageort zu sichern. Zudem lassen sich mittels Kommunikation zwischen Archivsystem und SAP-System verschiedene Funktionen wie das Suchen, Klassifizieren und Verwalten von Dokumenten im Archiv durchführen.

ArchiveLink

ArchiveLink ist eine Schnittstelle für den Austausch von Daten zwischen einem Archivsystem und SAP-Systemen. Es ermöglicht Anwendern, Dokumente an ein Archiv zu senden und von dort abzurufen. Die ArchiveLink-Schnittstelle ist die am weitesten verbreitete und der Klassiker für die SAP-Datenarchivierung. Es gibt regelmäßige Updates für ArchiveLink, um die Kompatibilität mit neuen SAP-Versionen zu gewährleisten. Wichtig ist, dass das Archivsystem, das Sie verwenden wollen, eine Zertifizierung für die ArchiveLink-Schnittstelle besitzt.

Damit ArchiveLink ein Ziel für die Ablage definieren kann, müssen Sie bei einer Nutzung der Schnittstelle Content Repositories einrichten. Aus Explorer-Sicht sind Content Repositories etwas Ähnliches wie Ordner zur Ablage von Daten. Wie Sie Content Repositories anlegen und pflegen, zeigen wir Ihnen in Abschnitt 3.1.2.

Mit ArchiveLink können Sie strukturierte und unstrukturierte Daten wie ein- und ausgehende Dokumente, Archivdateien, DART-Extrakte (siehe Abschnitt 1.4) sowie Drucklisten ablegen. Beim Ablegen werden zwischen Anwendungsbelegen und Dokumenten Verknüpfungen erstellt. Diese werden in den Verknüpfungstabellen (TOA-Tabellen) protokolliert. Letztere verwalten somit die Referenz zwischen den abgelegten Dokumenten und dem Business-Objekt im SAP-System. Die Verknüpfungstabellen dienen also zur Verbindung der Datenbank mit dem Archiv. SAP liefert im Standard folgende Verknüpfungstabellen aus:

- TOA01
- TOA02
- TOA03
- TOAHR
- TOADL

Die Tabellen TOA01, TOA02, und TOA03 können Sie für die Verknüpfungen frei verwenden. TOAHR ist ausschließlich dem Personalwesen (HR) vorbehalten. Die Tabelle TOADL ist nur für Drucklisten geeignet.

WebDAV

WebDAV (Web-based Distributed Authoring and Versioning) ist eine Schnittstelle, die es ermöglicht, Dateien auf einem Remote-Server zu speichern, zu bearbeiten und zu verwalten. Sie erweitert das HTTP-Protokoll um Funktionen zur Verwaltung der Daten. Eine WebDAV-Schnittstelle wird hauptsächlich beim Einsatz von SAP ILM für die Ablage der Archivdateien verwendet. Wir beziehen uns in diesem Buch zwar lediglich auf die klassische SAP-Datenarchivierung, jedoch finden wir es wichtig, Ihnen für das Verständnis von Schnittstellen das Thema »WebDAV in Verbindung mit ILM« kurz zu erläutern.

☛ Ablage mit Information Lifecycle Management (ILM)

SAP ILM ist die erweiterte Variante der SAP-Datenarchivierung. Mit dieser Komponente können Daten im SAP-System anhand von Regelwerken automatisch archiviert und vernichtet werden. Seit dem Erlass der EU-DSGVO hat sich die Verwaltung des Lebenszyklus von Daten mit SAP ILM durchgesetzt. Mehr zu dieser Komponente finden Sie in Abschnitt 4.1.

Die Kommunikation zwischen Ablageort und SAP-System benötigt bei der Nutzung von ILM eine WebDAV-zertifizierte Schnittstelle.

Dabei kann die SAP-eigene Möglichkeit ILM Store zur Speicherung verwendet werden. Ihre abgelegten Daten bleiben dann in ihrer SAP-Umgebung enthalten. Mit dieser Variante können Sie auf externe WebDAV-Schnittstellen verzichten, da es sich um ein SAP-eigenes Produkt handelt und Ihre Daten auf dem Dateisystem abgelegt werden. Diese Alternative kommt ohne zusätzliche Software aus.

Sie können über den ILM Store auch die beiden Datenbanken SAP IQ sowie SAP HANA für die Ablage nutzen.

Gibt es etwas Neues? – CMIS

Mit *Content Management Interoperability Services (CMIS)* steht Ihnen ein offener und herstellerunabhängiger Standard zur Anbindung von Content-Management-Systemen zur Verfügung. Mit dem Cloud-Angebot von SAP kann hier eine Interoperabilität über verschiedene Systeme hergestellt werden. Bei Nutzung der SAP S/4HANA Public Cloud ist die Verwendung von ArchiveLink nicht mehr möglich, stattdessen ist CMIS die bevorzugte Anbindung zum Standard. Möchten Sie also die S4/HANA Public Cloud als Ablage Ihrer Archivdateien nutzen, müssen Sie auf die Schnittstelle CMIS umsteigen. Damit können Sie verschiedene Content-Management-Systeme über das Internet verknüpfen. Dabei lässt sich die Informationslücke zwischen strukturierten und unstrukturierten Daten schließen. Zusätzlich kann CMIS die Content-Management-Inseln zusammenführen und Abfragen über nicht miteinander kompatible Systeme durchführen.

Auf diese Weise ist es möglich, auf verschiedene Content Repositories von unterschiedlichen Herstellern über eine gemeinsame Schnittstelle zuzugreifen. Dadurch können Unternehmen die Inhalte ihrer diversen Content-Management-Systeme gemeinsam verwalten und auf die Inhalte von verschiedenen Content Repositories über eine einheitliche Schnittstelle zugreifen.

CMIS definiert insgesamt vier Grundtypen von Objekten, um den Datenzugriff und die Beziehungen der verschiedenen Dokumente zueinander zu organisieren:

- Ordner
- Dateien
- Dokumente
- Verknüpfungen

Das CMIS-Modell regelt alle Zusammenhänge, die zwischen den verschiedenen Dokumenten und ihren Inhalten, Ordnern und Containern sowie Metadaten bestehen.

1.3.3 Archive Development Kit (ADK)

Das SAP *Archive Development Kit (ADK)* ist eine technische Lösung, die es Anwendern ermöglicht, nicht mehr benötigte Daten reibungslos aus dem SAP-System ins Archiv zu übertragen. Es bietet eine Entwicklungs- und Laufzeitumgebung, die als Schnittstelle zwischen Anwendungen, Datenbank und Archivdateien fungiert. Hierzu sichert es die Unabhängigkeit der Datenarchivierung in Bezug auf Hardware und Release-Updates.

Zum ADK gehören die Archivadministration, die Anwendungsprogrammierschnittstelle (API) für die Entwicklung eigener Archivierungsprogramme, die Dokumentation und die Bereitstellung archivierungsspezifischer Funktionsbausteine. Letztere spielen eine wichtige Rolle, da sie die Anwender von technischen Details entlasten und die automatische Jobeinplanung, Konvertierung und Komprimierung von archivierten Daten sowie den Zugriff auf einzelne von diesen ermöglichen.

Das ADK bietet zudem die Möglichkeit, die Archivierung an die Anforderungen des Unternehmens anzupassen. Dazu gehört die Unterstützung verschiedener Datenformate, die Möglichkeit, benutzerdefinierte Archivierungsprozesse zu erstellen, und die Unterstützung von Multilingualität, um die Archivierung für Anwender in verschiedenen Regionen und Ländern zugänglich zu machen.

1.4 Data Retention Tool (DART)

Das SAP *Data Retention Tool (DART)* ist ein Werkzeug, das entwickelt wurde, um Unternehmen bei der Einhaltung von gesetzlichen Anforderungen an die Datenhaltung für steuerliche Prüfzwecke zu unterstützen. Es ermöglicht die regelmäßige Extraktion und Aufbewahrung steuerrelevanter Daten aus aktiven SAP-Anwendungen. DART extrahiert diese Daten in sequenzielle Dateien, sodass sie sich mit den entsprechenden Werkzeugen auf verschiedene Weise anzeigen lassen und für steuerliche Prüfzwecke zur Verfügung stehen. Steuerprüfer benötigen oft nur eine begrenzte Anzahl an Daten aus DART-Extrakten.

Deshalb können Sie entsprechende View-Abfragen definieren und die Informationen im SAP-Audit-Format bereitstellen (Abbildung 1.4).

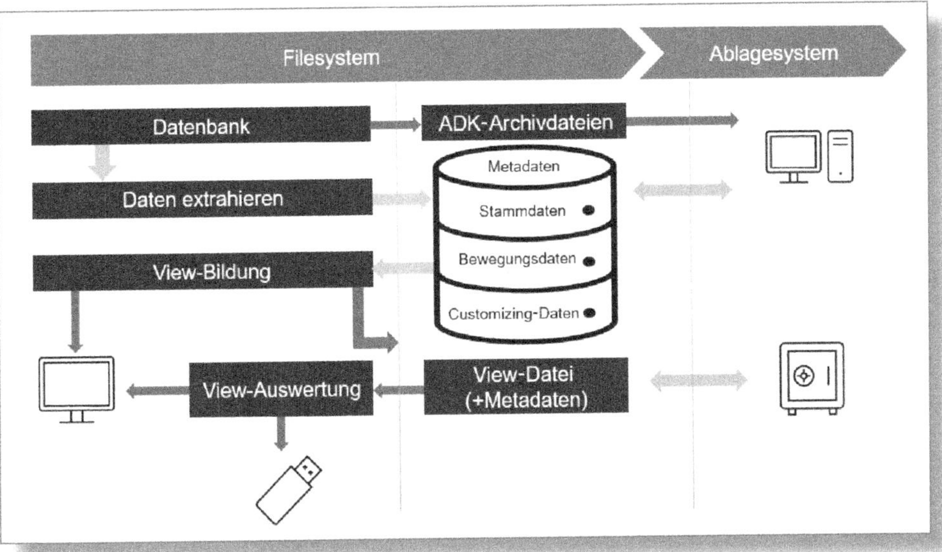

Abbildung 1.4: DART – Prozess

Achten Sie bei der Nutzung von DART darauf, dass Sie mit Ihrer Konfiguration die gesetzlichen Anforderungen in den Ländern, in denen Sie tätig sind, erfüllen. Lassen Sie sich von Experten helfen, um sicherzustellen, dass die extrahierten Daten relevant und aktuell sind. Außerdem ist zu beachten, dass DART-Extrakte vor der Datenarchivierung erstellt werden müssen, da DART archivierte und gelöschte Daten nicht mehr extrahieren kann.

1.5 Archivierungsobjekte

Ein SAP-System speichert die erzeugten Daten in verschiedenen Tabellen. Ein betriebswirtschaftliches Objekt wie zum Beispiel eine Rechnung wird dabei in mehreren Tabellen abgebildet. Für diese betriebswirtschaftlichen Objekte gibt es entsprechende passende *Archi-*

vierungsobjekte. Mit deren Hilfe werden die Daten in einem Archivierungslauf umgeschrieben und vollständig aus der Datenbank entfernt. Archivierungsobjekte definieren, welche Daten aus welchen Datenbanktabellen diesem Prozess unterzogen werden. Des Weiteren sind die Archivierungsobjekte aufgrund von Abhängigkeiten der Daten untereinander in einer bestimmten Reihenfolge zu archivieren. Die im SAP-Standard bestehenden Abhängigkeiten sind in den einzelnen Archivierungsobjekten enthalten.

In den Archivierungsobjekten sind zudem Archivierbarkeitskriterien enthalten. Sie dienen zur Prüfung des Zustands der Daten, um Fehler bei den Archivierungsläufen zu vermeiden. Ein wichtiges Kriterium ist die Statusprüfung von Belegen. Der Datensatz bzw. Beleg muss zur Qualifikation für eine Archivierung bei bestimmten Daten den Status »C«, also »completed« (abgeschlossen), haben. Damit ist bestätigt, dass der Beleg vollständig bearbeitet wurde. Ebenso entscheidend ist die Prüfung, ob der angegebene Datensatz bereits über die notwendige Residenzzeit im System verblieben ist – nur dann kann er archiviert werden. Die Residenzzeit beschreibt den Zeitraum, der verstrichen sein muss, bevor Anwendungsdaten aus der Datenbank archiviert werden können. Der Beginn der Residenzzeit kann das Erfassungsdatum oder ein anderer definierbarer Zeitpunkt sein.

Des Weiteren enthalten die Archivierungsobjekte die für einen Archivierungslauf benötigten Programme. Hierzu gehören unter anderem das Programm zum Umschreiben der zu archivierenden Datensätze in eine Archivdatei und dasjenige zum Löschen der archivierten Daten aus der Datenbank.

Jedes Archivierungsobjekt verfügt über verschiedene Operatoren, die als Programme zur Verfügung stehen. Sie geben im Rahmen der Datenarchivierung Befehle. Die verfügbaren Programme variieren je nach Archivierungsobjekt.

Möchten Sie prüfen, welche Programme Ihnen bei dem Archivierungsobjekt FI_DOCUMNT zur Verfügung stehen, rufen Sie in der Transaktion *SARA* das Archivierungsobjekt FI_DOCUMNT auf (Abbildung 1.5).

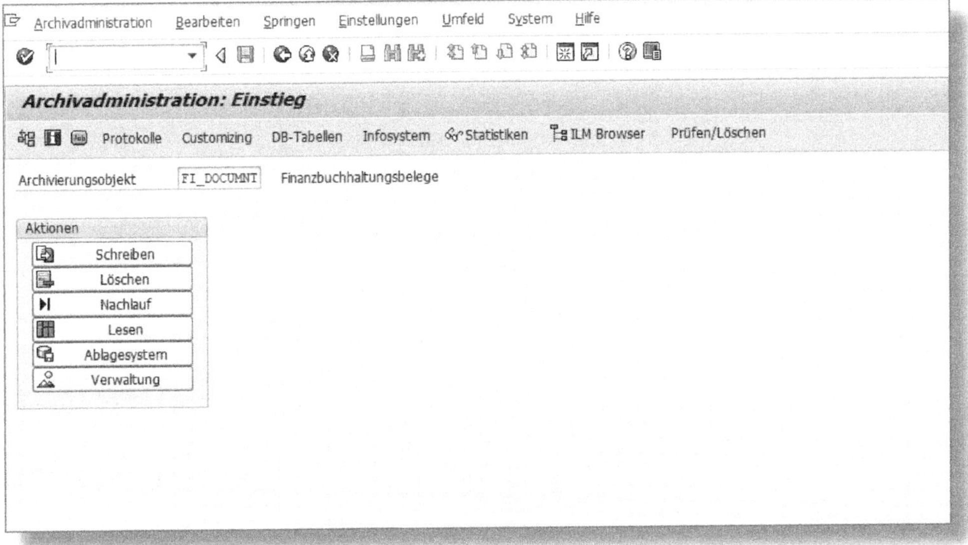

Abbildung 1.5: Transaktion SARA – Einstieg

Für das Archivierungsobjekt FI_DOCUMNT stehen Ihnen die Programme zum SCHREIBEN, LÖSCHEN, für den NACHLAUF und zum LESEN. Zusätzlich enthält jedes Archivierungsobjekt ein ABLAGESYSTEM und die VERWALTUNG, die jedoch kein Programm darstellt.

Alternativ können Sie sich die Programme in der Transaktion *AOBJ* anzeigen lassen. In dieser Transaktion bekommen Sie zusätzlich den technischen Programmnamen angezeigt. Damit können Sie Befehle z. B. in der Transaktion *SE38* ausführen. Die Transaktion *AOBJ* bietet Ihnen, wie Abbildung 1.6 zeigt, Einsicht in die Programme für unser beispielhaftes Archivierungsobjekt FI_DOCUMNT.

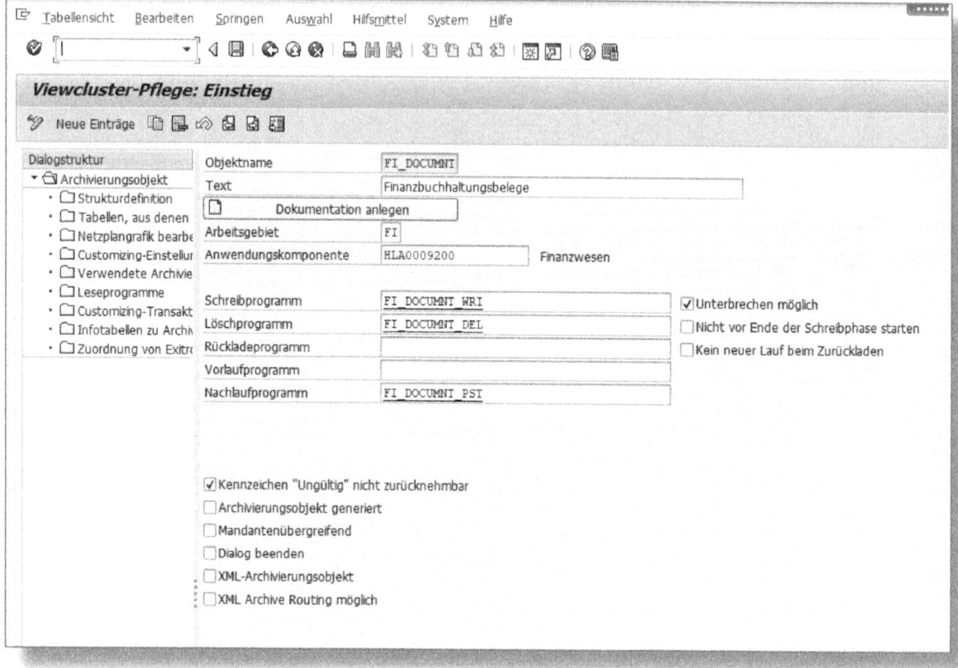

Abbildung 1.6: Transaktion AOBJ – Programme des Archivierungsobjekts

Für die Datenarchivierung sind in der Praxis die wichtigsten Programme folgende:

- Vorlaufprogramm
- Schreibprogramm
- Löschprogramm
- Leseprogramm
- Nachlaufprogramm
- Rückladeprogramm

☛ Rückladeprogramme

Mit dem Rückladeprogramm können Sie archivierte Daten aus Archivdateien in die Datenbank zurückladen. Dies verursacht jedoch oft ein Chaos in den Datenbanktabellen. Es entstehen Dateninkonsistenzen, weil meistens kein genaues Rückladen der Daten in ihre Ursprungstabellen erfolgt. Von der Verwendung des Rückladeprogramms raten wir Ihnen daher dringend ab.

Wir gehen auf das Rückladeprogramm in diesem Buch nicht weiter ein, da es kein wesentlicher Baustein der SAP-Datenarchivierung ist und in der Praxis wenig bis kaum genutzt wird. Wenn Sie Ihr Projekt in der SAP-Datenarchivierung entsprechend sorgfältig planen und durchführen, ist ein Rückladen überflüssig.

2 Strategie und Planung

Wenn Sie ein Archivierungsprojekt in Ihrem SAP-System durchführen möchten, müssen Sie eine strategische Zielsetzung, abgeleitet von Ihrem Motiv, konzipieren. Die Ziele der Datenarchivierung können je nach Anwendungsfall individuell ausfallen. Eine frühe Planung der Datenarchivierung beugt der Überlastung von SAP-Systemen vor. So verhindern Sie absehbare Kapazitätsengpässe sowie mögliche Dumps und Abstürze, die die Bedienung Ihres Systems stark einschränken können. Außerdem schützen Sie sich durch die gesetzeskonforme Handhabung Ihrer SAP-Daten vor hohen Bußgeldern.

2.1 Strategie und Zielsetzung

Bei der SAP-Datenarchivierung stehen Sie vor der Aufgabe, aus dem situativen Zustand der technischen Komponenten unter Berücksichtigung der verfügbaren Ressourcen eine optimale Strategie zu entwickeln. Das Ziel der SAP-Datenarchivierung sollten Sie genau festlegen. Hierbei reicht es nicht aus, lediglich festzustellen, dass durch die Archivierung neuer Speicherplatz entstehen soll. Vielmehr muss beschlossen werden, wie Sie verfahren. Dazu stellen sich verschiedene Fragen hinsichtlich der Ausgangslage.

Sehen Sie sich Ihre SAP-Landschaft an. Je mehr Systeme Sie betreiben und je komplexer Ihre IT-Infrastruktur aufgebaut ist, desto aufwendiger wird die Planung und Ausführung Ihres Projekts ausfallen. Haben Sie beispielsweise Nicht-SAP-Systeme, die auf SAP-Daten zugreifen, müssen Sie dies beachten und einen Zugriff auf diese Daten nach der Archivierung gewährleisten. Solch einen Fall dürfen Sie nicht nur grob beschreiben. Fachliche Themen sollten Sie in Ihrem Projektverlauf auf jeden Fall berücksichtigen und sie bei der Archivierungskonzeption erneut aufnehmen.

Damit kommen wir zu der Überlegung, welche Akteure an Ihrem Projekt beteiligt sein sollen. Darüber bestimmen Sie gemäß Ihrer Strategie. So ist insbesondere die Einbindung der jeweiligen Fachabteilung als Anwender notwendig. Daneben sollte selbstverständlich die IT-Abteilung einen Platz in Ihrem Kernteam besetzen. Mit diesem Kernteam führen Sie die Konzeption der SAP-Datenarchivierung durch.

Entscheiden Sie, wer langfristig die operativen Tätigkeiten der Archivierung durchführen wird. Nehmen Sie sich hierbei einen Experten zur Seite, der die SAP-Datenarchivierung langfristig begleitet und nach der Produktivsetzung administriert, oder lassen Sie eigene Mitarbeiter schulen, damit Sie die regelmäßige Durchführung in Zukunft selbst veranlassen können.

Einbindung von Experten

Ein Experte kann Ihr Projekt stark bereichern. Dank seiner Praxiserfahrungen vermeiden Sie Fehler, die anderen Unternehmen bei der Durchführung von SAP-Datenarchivierungsprojekten möglicherweise unterlaufen sind. Dieses Know-how sollten Sie unbedingt nutzen, wenn Sie bislang noch wenige bis gar keine Berührungspunkte mit der Datenarchivierung in SAP hatten.

Die Beauftragung eines externen Beraters klingt nach einem hohen Kostenaufwand. Wir betonen an dieser Stelle jedoch, dass ein eigenständiges Erlernen neuer Inhalte sowie die Einarbeitung von Mitarbeitern tendenziell deutlich mehr personelle, zeitliche und finanzielle Ressourcen verbraucht als die Beauftragung eines Experten.

Mit Ihrem Team können Sie nun einen Leitfaden entwickeln, der die Ziele des Archivierungsprojekts beinhaltet. Besprechen Sie Ihren Projektplan bereits grob und schaffen Sie ggf. zeitliche Richtlinien. In dieser Phase sollten auch die Aufgaben besprochen und den Mitwirkenden zugewiesen werden. Ermitteln Sie, welche Funktionen besetzt werden müssen und wer welche Aufgabenpakete verantworten wird.

Zu den wichtigsten Aufgaben in einem SAP-Datenarchivierungsprojekt gehören beispielsweise:

- Analyse der Systemlandschaft
- Koordination und Projektleitung
- fachliche Konzeption
- Dokumentation
- Ausführung

Wichtig ist, dass Sie den Akteuren entsprechende Rollen und Berechtigungen für die vorgesehenen Aufgaben zuweisen. Es empfiehlt sich, dies in einem Rollen- und Berechtigungskonzept zu dokumentieren.

Aufgrund der technischen und fachlichen Ausgangslage treffen Sie nun weitere strategische Entscheidungen. Stellen Sie sich insbesondere die Frage, in welchen Systemen archiviert werden soll. Beachten Sie, dass Sie – sofern Sie in mehreren Ländern operieren – je Staat unterschiedliche gesetzliche Vorgaben erfüllen müssen. Für die einzelnen Länder sollten Sie sich zudem Gedenken über die passende Zeit zur Archivierung machen. Berücksichtigen Sie die Zeitzonen und vergewissern Sie sich, dass Sie an keinem der Standorte mit der Archivierung das operative Tagesgeschäft beeinträchtigen.

Die verschiedenen Ablageoptionen haben Sie bereits in Abschnitt 1.3.2 kennengelernt. Die Ablageorte sind für Ihre Strategie essenziell. Je nach den Voraussetzungen kommen hier verschiedene Möglichkeiten infrage. Diesen Punkt sollten Sie bereits im Rahmen der strategischen Entscheidungen festlegen – also noch bevor Sie Konzeptionen im Detail ausarbeiten. Ihre Ablageoption ist mit einem Aufwand verbunden, der verschiedene Faktoren involviert. Denken Sie dabei an Ihre finanziellen und ggf. auch personellen Kapazitäten. Die Anschaffung des Ablagesystems wie beispielsweise eines neuen Archivservers verursacht Kosten, sowohl für die Einrichtung als auch für den Betrieb. Zudem wird die Integration der Ablageoption Ihre IT-Abteilung beschäftigen.

Wir empfehlen Ihnen deshalb, schon zu Beginn Ihres Projekts alle Möglichkeiten abzuwägen und sich gegebenenfalls von einem Experten beraten zu lassen. Prüfen Sie, ob bereits mögliche Ablageoptionen lizensiert sind und für die Nutzung zur Verfügung stehen. So bleiben Sie von unangenehmen Überraschungen auf der Kostenseite verschont.

2.2 Archivierungskonzept

Das Archivierungskonzept ist das Grundgerüst eines Projekts der SAP-Datenarchivierung. Es stellt ein systematisches und nachvollziehbares Vorgehen sicher. Die Planung eines Projekts muss bereits vor Beginn der Implementierung erfolgen. Grundlage hierfür sind die betriebswirtschaftlichen und technischen Abhängigkeiten der Daten, die archiviert werden sollen.

Es ist wichtig zu identifizieren, welche Daten für eine Archivierung infrage kommen. Über dieses Thema sollten Sie sich mit den Anwenderfachbereichen und der IT-Abteilung abstimmen. Da die Anwendungsfälle in verschiedenen Projekten sehr individuell sind, ist eine saubere Dokumentation der Anforderungen von Bedeutung. Fragen Sie sich, welche Daten von den Abteilungen aktiv benötigt werden, und beziehen Sie diese nicht in die Archivierung mit ein. Beachten Sie außerdem die gesetzlichen Vorgaben für die Aufbewahrung prüfungsrelevanter Daten. Die Kombination der fachlichen, technischen und gesetzlichen Anforderungen sollten Sie deshalb in Ihrer Planung stets priorisieren.

Wir möchten Ihnen deshalb unseren Beratungsansatz zur SAP-Datenarchivierung vorstellen. Damit auch Sie ein Projekt erfolgreich durchführen können, teilen wir Ihnen die Grundlagen unserer akribisch ausgearbeiteten Konzeption mit. In unserem Ansatz sind die folgenden Aspekte von besonderer Bedeutung:

- Datenbankanalyse
- Bestimmung der Archivierungsreihenfolge
- Tabellenanalyse
- Definition Ablage
- Customizing

- Jobeinplanung und Variantenpflege
- Archivzugriff

Wir werden in den folgenden Abschnitten auf die wichtigsten Punkte des Archivierungskonzepts eingehen und Ihnen praktische Beispiele mitgeben.

2.2.1 Datenbankanalyse

Ein Datenarchivierungsprojekt erfordert einen genauen Überblick über die Daten des SAP-Systems. In der SAP-Datenarchivierung agieren Sie in einer verantwortungsvollen Umgebung. Sie werden mit sehr sensiblen Daten konfrontiert, deren Handhabung und Sicherheit primär in Ihrer Verantwortung steht. Umso wichtiger ist es, dass Sie die Gegebenheiten erkennen und einordnen können. Wir möchten Ihnen in diesem Abschnitt des Buches deshalb die wichtigsten Punkte der Datenbankanalyse erläutern, mit deren Hilfe Sie einen Einblick in die Datenstruktur des SAP-Systems bekommen.

Eine *Datenbankanalyse* ist innerhalb eines SAP-Datenarchivierungsprojekts einer der ersten Schritte. Damit verschaffen Sie sich einen Einblick in die Struktur und Größe des Systems. Ziel ist es, die größten Speicherplatzverbraucher des jeweiligen SAP-Systems zu ermitteln. SAP hat hierfür die Transaktion *DB02* geschaffen. Sie ermöglicht die Analyse und Überwachung von Datenbankstatistiken. Darunter fallen zum Beispiel die Beobachtung des Datenbankwachstums, die Anzeige fehlender Indizes oder die Auswertung von Tabellengrößen. In der Datenbankanalyse interessieren uns Tabellengrößen in Bezug auf die Beeinflussung der Systemperformance. Mittels einer Analyse werden die ausgewerteten Tabellen nach ihrer Systembelastung bewertet. Je größer eine Tabelle, desto relevanter und sinnvoller ist eine Archivierung ihrer Datensätze zum Zwecke der Datenbereinigung.

Um die größten Tabellen ausfindig zu machen, rufen Sie die Transaktion *DB02* auf. Auf der linken Seite sehen Sie eine Liste, die Ihnen als Hilfsmittel zur Administration Ihrer Datenbank dient. Die Administrationsstruktur ist bei jeder Datenbank und jedem Datenbankanbieter individuell. Auch der Knoten für die Analyse der größten Tabellen kann unterschiedliche Namen haben. In unserem Beispiel finden Sie die größten Platzverbraucher in der Datenbankadministration im Ordner PLATZ unter der Bezeichnung GRÖSSTE PLATZVERBRAUCHER (Abbildung 2.1).

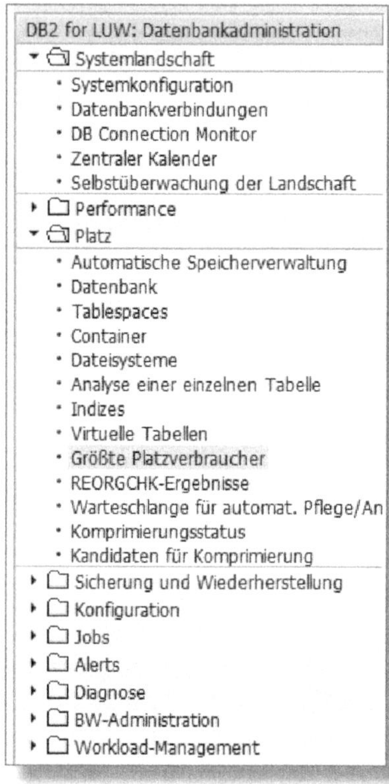

Abbildung 2.1: Transaktion DB02 – Menübaum

Mit einem Doppelklick auf GRÖSSTE PLATZVERBRAUCHER öffnet sich die Selektionsmaske zur Anzeige der größten Tabellen. Die Vorauswahl der Einstellungen können Sie übernehmen. Ihnen werden im Standard sodann die 100 größten Tabellen in absteigender Reihenfolge der Größe nach angezeigt. Klicken Sie zur Anzeige auf den Button [Auswahl übernehmen] (Abbildung 2.2).

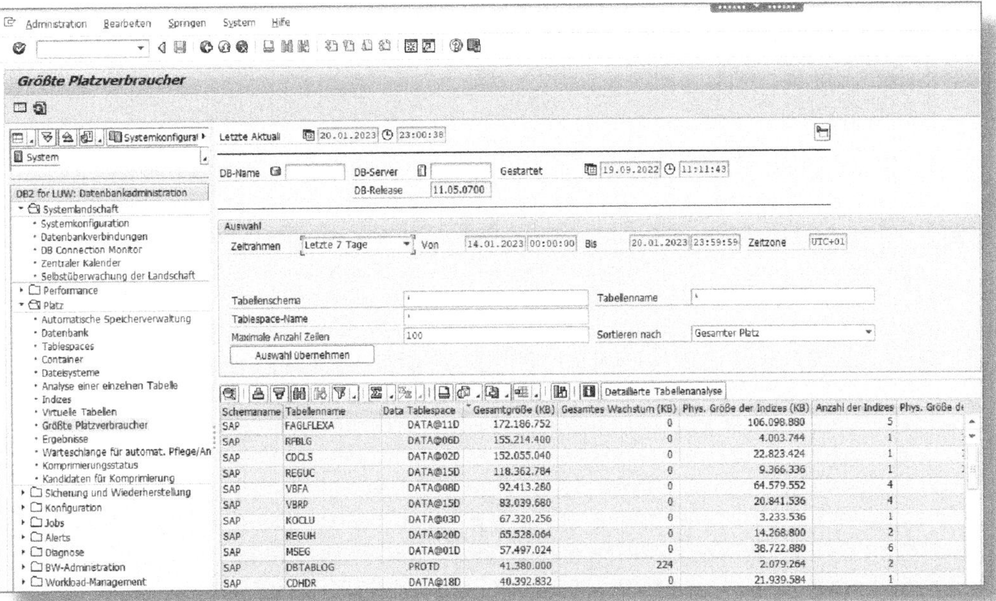

Abbildung 2.2: Transaktion DB02 – Datenbankanzeige

Die Tabellen werden Ihnen nun mit verschiedenen Details angezeigt, die Sie in den einzelnen Feldern sehen können. Primär fokussieren wir uns bei der Analyse auf die Größen, angegeben in der Spalte GESAMTGRÖSSE und in Kilobyte ausgewertet, und auf die Anzahl der gesamten Sätze in den jeweiligen Tabellen. Die Tools oberhalb der Anzeige unterstützen Sie zusätzlich beim Filtern und Sortieren.

2.2.2 Archivierungsreihenfolge

Damit Sie eine saubere und korrekte Planung durchführen können, müssen Sie definieren, welche Archivierungsobjekte in welcher Reihenfolge archiviert werden sollen.

Die Relevanz eines Objekts für die Archivierung leitet sich hauptsächlich von seiner Größe ab. Im nächsten Schritt werden Sie die relevanten Tabellen ihren Archivierungsobjekten zuordnen. Dabei werden die

Größe und Bedeutung der Daten nochmals zusammengefasst – dies hilft Ihnen, die Priorisierung der einzelnen Objekte zu erörtern. Stehen die Archivierungsobjekte fest, muss die Archivierungsreihenfolge festgelegt werden.

Mit der Transaktion *DB15* (Tabellen und Archivierungsobjekte) finden Sie heraus, welches Archivierungsobjekt für die zu archivierenden Tabellen geeignet ist. Sie können entweder eine bestimmte Tabelle angeben und sich die verfügbaren Archivierungsobjekte zu der Tabelle anzeigen lassen oder umgekehrt ein Archivierungsobjekt angeben, um die zugehörigen Tabellen zu sehen.

Um dies zu verdeutlichen, betrachten wir beispielhaft die Archivierung von Lieferbelegen. Diese stehen unter anderem in den Tabellen LIKP (Vertriebsbeleg: Lieferung: Kopfdaten) und LIPS (Vertriebsbeleg: Lieferung: Positionsdaten). Geben Sie in das Feld OBJEKTE FÜR TABELLE die Tabelle *LIKP* ein, wird Ihnen angezeigt, dass das Archivierungsobjekt RV_LIKP für die Archivierung der Daten dieser Tabelle geeignet ist (Abbildung 2.3).

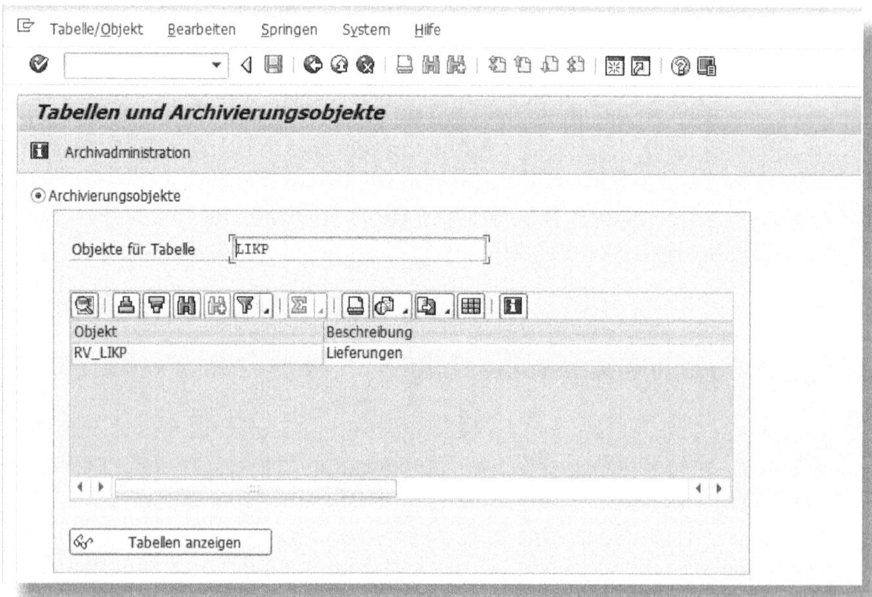

Abbildung 2.3: Transaktion DB15 – Zuordnung Archivierungsobjekt zu Tabelle

Wenn Sie das Archivierungsobjekt *RV_LIKP* angeben, erkennen Sie, dass sich unter den TABELLEN ZUM OBJEKT auch LIKP und LIPS befinden (Abbildung 2.4).

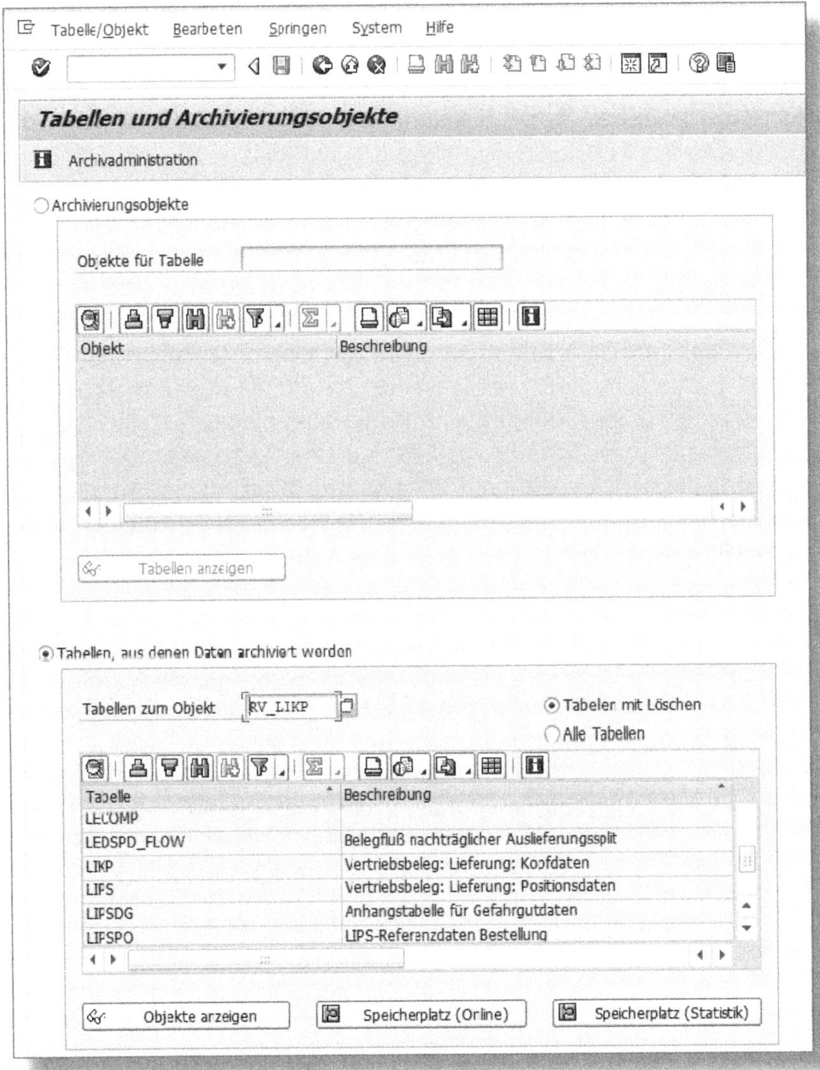

Abbildung 2.4: Transaktion DB15 – Zuordnung Tabelle zu Archivierungsobjekt

Als Nächstes entscheiden Sie, welche Archivierungsobjekte archiviert werden. Maßgeblich ist dabei die Größe ihrer relevantesten Tabellen. Allerdings verbirgt sich in der komplexen SAP-Struktur eine Hürde.

Wie Sie wissen, hängen Daten in SAP miteinander zusammen. Auch die Daten in den Tabellen, die mit den Archivierungsobjekten archiviert werden, können Abhängigkeiten untereinander besitzen. Die Geschäftsprozesse bauen logisch aufeinander auf. Deshalb müssen vorherige Geschäftsprozesse berücksichtigt werden.

Um die Reihenfolge und die Abhängigkeiten der Archivierungsobjekte zu beachten, rufen Sie die *Netzgrafik* in der Transaktion *SARA* (Archivadministration) auf. Sie zeigt betriebswirtschaftliche Zusammenhänge in der SAP-Anwendung auf, die über die Archivierungsreihenfolge bestimmen. Abhängigkeiten sind pro Archivierungsobjekt zu prüfen, um die Daten gemäß den betriebswirtschaftlichen Abläufen abzulegen und den Erfolg bei abhängigen Archivierungsobjekten und ihren Daten zu erhöhen. Damit Sie die Archivierungsreihenfolge beachten können, gehen Sie in die Transaktion *SARA* und tragen Ihr Archivierungsobjekt ein. Klicken Sie danach auf den Button . Es erscheint ein Fenster wie in Abbildung 2.5.

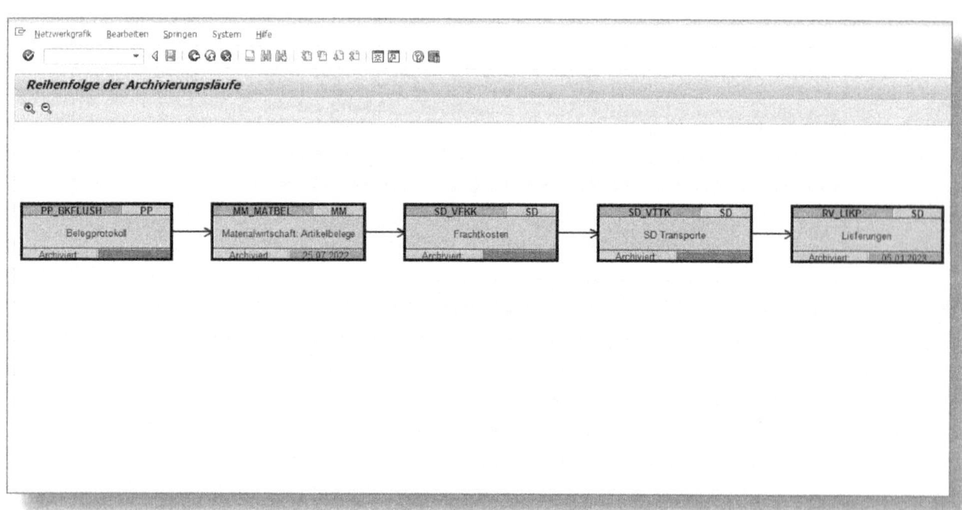

Abbildung 2.5: Reihenfolge in der Netzgrafik

In unserem Beispiel soll der Archivierungslauf für LIEFERUNGEN (RV_LIKP) nicht gestartet werden, bevor die abhängigen Archivierungsobjekte BELEGPROTOKOLLE (PP_BKFLUSH), MATERIALWIRTSCHAFT ARTIKELBELEGE (MM_MATBEL), FRACHTKOSTEN (SD_VFKK) sowie SD TRANSPORTE (SD_VTTK) vollständig archiviert worden sind. Wird die Reihenfolge nicht eingehalten, können in der Regel nicht alle Lieferungen vollständig mit dem Archivierungsobjekt RV_LIKP archiviert werden. Darüber würden möglicherweise Archivierbarkeitskriterien verletzt und so Fehler bei der Archivierung entstehen.

2.2.3 Tabellenanalyse

Um die fachlichen Anforderungen eines SAP-Datenarchivierungsprojekts in Ihre Archivierungsplanung mit aufzunehmen, müssen Sie die Inhalte der verschiedenen Tabellen analysieren. Eine *Tabellenanalyse* informiert Sie über die Verteilung von Einträgen in verschiedenen Tabellen. Letztere können Sie mit ausgewählten Feldern analysieren und sich mithilfe der Transaktion *TAANA* einen tieferen Einblick verschaffen. Diese Transaktion zählt die Tabelleneinträge und ordnet sie nach Anzahl gefundener Einträge Ihren ausgewählten Feldern zu. Sie können beispielsweise die Daten nach Buchungskreisen und Jahren ordnen, damit Sie das Datenwachstum den Jahren entsprechend in den Buchungskreisen ermitteln können. So kann anhand des Datenaufkommens ein zeitlicher Archivierungsplan mit Angabe der Archivierungshäufigkeit erstellt werden.

Um eine Tabellenanalyse durchzuführen, rufen Sie in Ihrem SAP-System mit der Transaktion *TAANA* die in Abbildung 2.6 dargestellte Maske auf.

In unserer Maske befinden sich bereits Tabellenanalysen. Diese können Sie nach Ausführung auf der linken Seite des Screens einsehen.

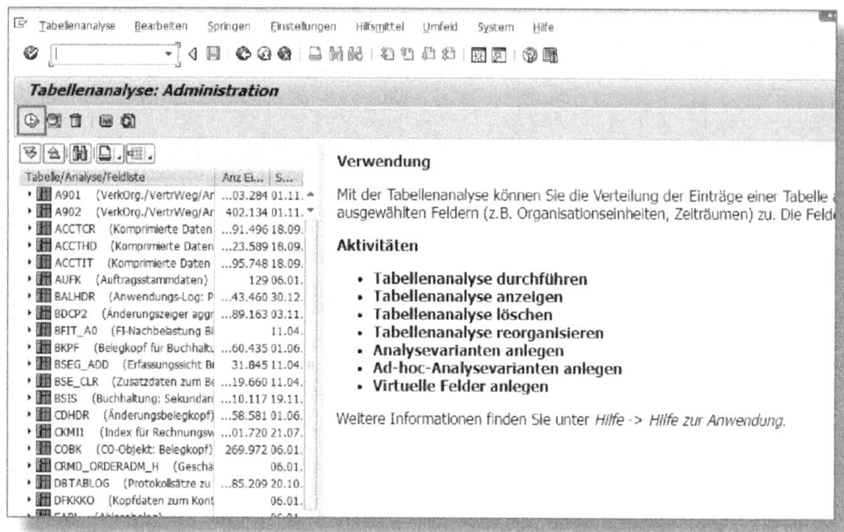

Abbildung 2.6: Transaktion TAANA – Einstieg

Über den Button veranlassen Sie eine Tabellenanalyse. Hierzu wird Ihnen zunächst die Selektionsmaske TABELLENANALYSE DURCHFÜHREN angezeigt (Abbildung 2.7).

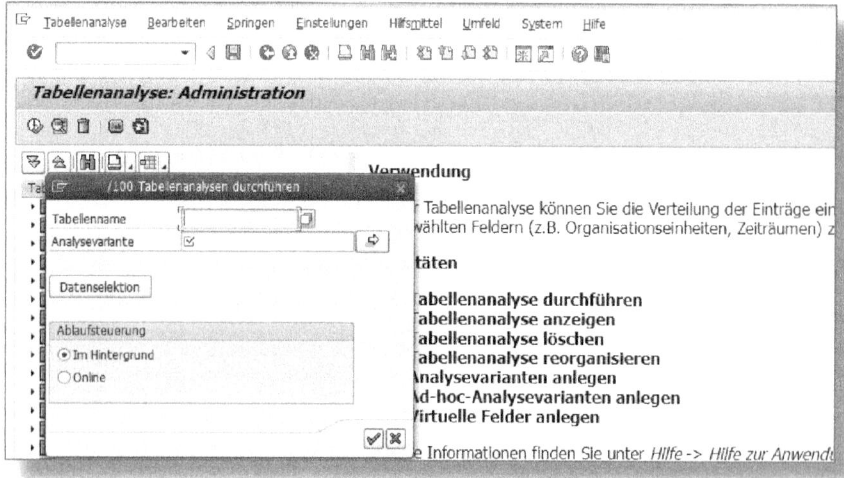

Abbildung 2.7: Transaktion TAANA – Tabellenanalyse anlegen

In der Selektionsmaske sind obligatorisch die Felder TABELLENNAME und ANALYSEVARIANTE auszufüllen. In unserem Beispiel wollen wir die Tabelle DBTABLOG analysieren und tragen deshalb *dbtablog* als Tabellennamen ein (Abbildung 2.8).

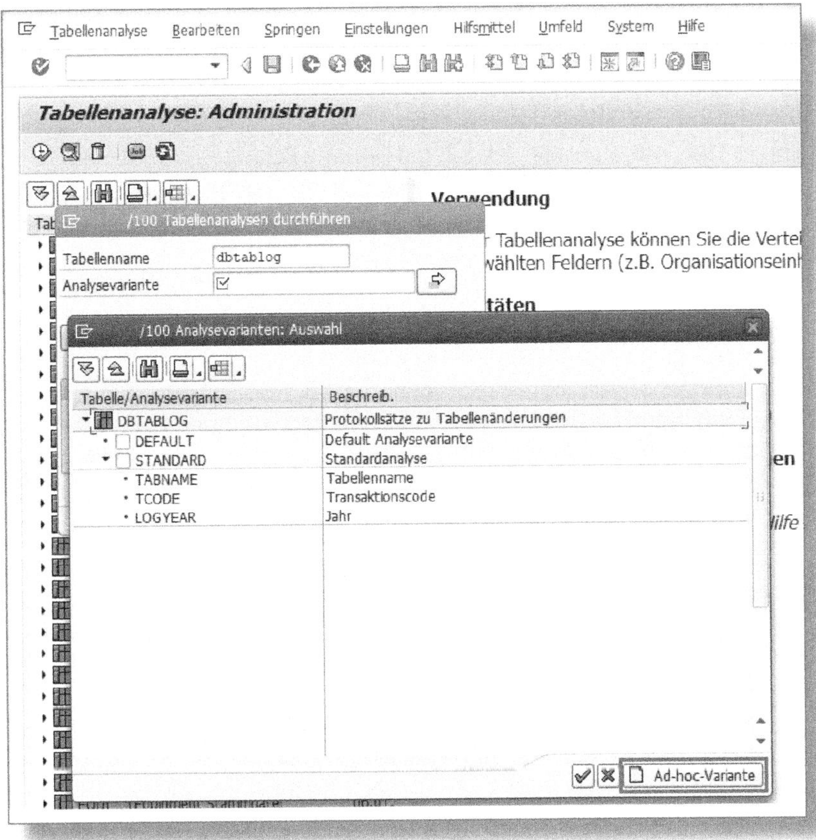

Abbildung 2.8: Tabellenanalyse – Auswahl der Variante

Mit der ANALYSEVARIANTE bestimmen Sie, welche Kriterien Ihre Analyse berücksichtigen soll. Bestätigen Sie Ihre Auswahl, um Ihre Analysevariante anzulegen.

Ihnen werden in dem Pop-up-Fenster ANALYSEVARIANTEN: AUSWAHL vordefinierte Analysevarianten vorgeschlagen. Sie können sich zwischen den Analysevarianten DEFAULT und STANDARD entscheiden. In der Analysevariante STANDARD können Sie durch das Aufklappen der Unterpunkte einsehen, welche Felder dieser Variante in Ihre Analyse einfließen werden.

In der Analysevariante STANDARD werden die Felder TABNAME – TABELLENNAME, TCODE – TRANSAKTIONSCODE und LOGYEAR – JAHR analysiert. Des Weiteren können Sie mittels des Buttons AD-HOC-VARIANTE eine neue Variante anlegen, in der Sie Ihre Felder selbst bestimmen können.

In unserem Beispiel mit der Tabelle *dbtablog* möchten wir im Rahmen der Datenarchivierung wissen, wie viele Einträge in den Feldern »Tabellenname«, »Transaktionscodes« und »Jahr« vorhanden sind. Wir könnten deshalb die Analysevariante STANDARD auswählen. Zur Veranschaulichung der Ad-hoc-Variante möchten wir Ihnen jedoch zeigen, wie Sie diese Felder in Ihrer selbst definierten Ad-hoc-Variante anlegen.

Klicken Sie zur Selektion Ihrer individuellen Felder auf AD-HOC-VARIANTE. Ihnen wird das Fenster ANALYSEVARIANTEN: AD-HOC-VARIANTE ANLEGEN angezeigt (Abbildung 2.9).

Auf der linken Seite, unter FELDER DER ANALYSEVARIANTE, können Sie sehen, welche Felder Ihre Analysevariante berücksichtigt. Da Sie mit der Ad-hoc-Variante zu Beginn keine Auswahl getroffen haben, ist diese Seite noch leer. Die rechte Seite des Fensters, WÄHLBARE FELDER, bietet Ihnen verschiedene Felder an. Wählen Sie also einzeln Ihre Wunschfelder auf der rechten Seite an, und klicken Sie dann jeweils auf den Pfeil, der nach links zu den Feldern der Analysevariante zeigt (Abbildung 2.10).

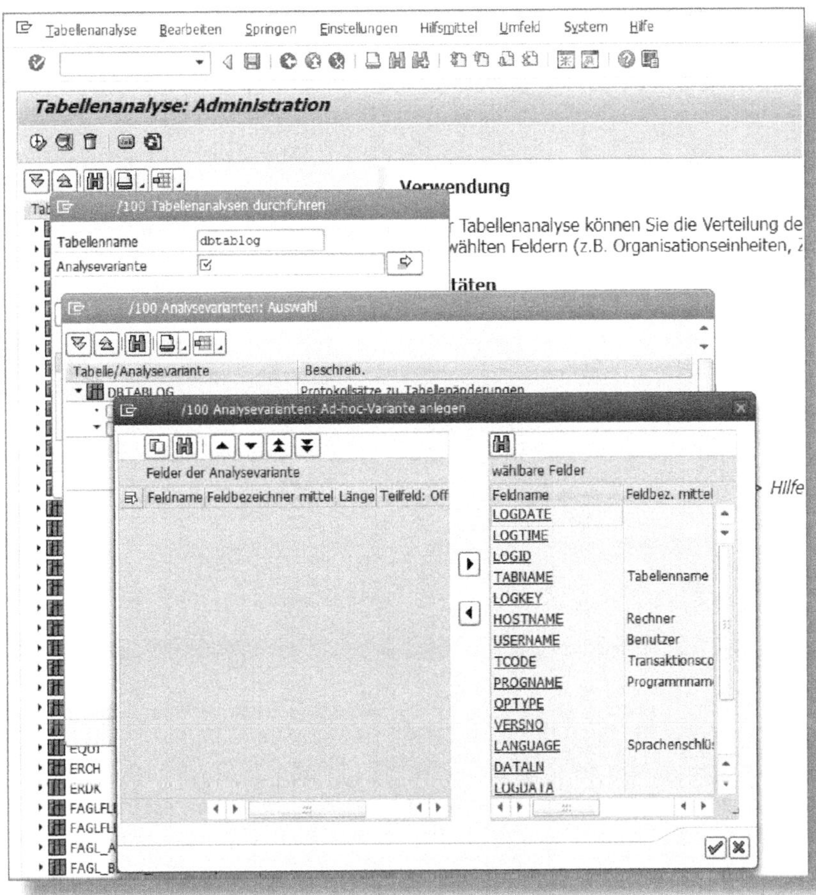

Abbildung 2.9: Tabellenanalyse – Variante bearbeiten, Teil 1

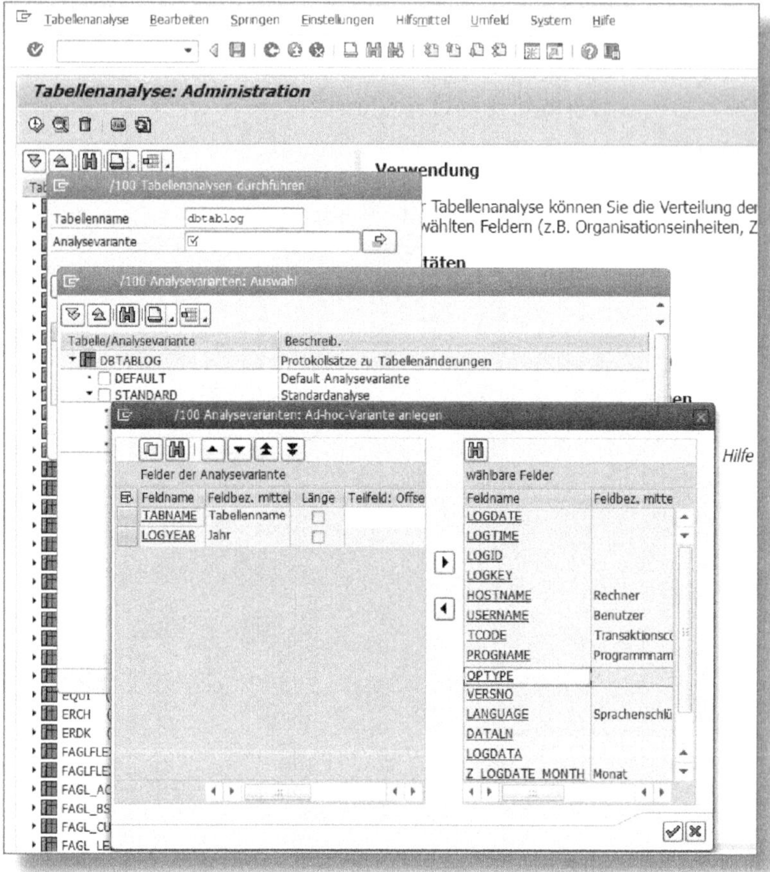

Abbildung 2.10: Tabellenanalyse – Variante bearbeiten, Teil 2

Bestätigen Sie Ihre Auswahl mit einem Klick auf das Häkchen.

Sie gelangen zurück zum Fenster ANALYSEVARIANTEN: AUSWAHL. Vergewissern Sie sich, dass unsere Ad-hoc-Variante angewählt ist. Auch hier müssen Sie zur Bestätigung auf das Häkchen klicken.

Damit gelangen Sie ein weiteres Fenster zurück zu TABELLENANALYSEN DURCHFÜHREN (Abbildung 2.7). Die DATENSELEKTION können Sie im Rahmen dieser Analyse zur Datenarchivierung vorerst überspringen.

Wählen Sie die ABLAUFSTEUERUNG *Im Hintergrund*, und klicken Sie auf das Häkchen, um die Durchführung zu bestätigen.

Im nächsten Schritt müssen Sie die STARTTERMINWERTE für Ihre Analyse pflegen (Abbildung 2.11).

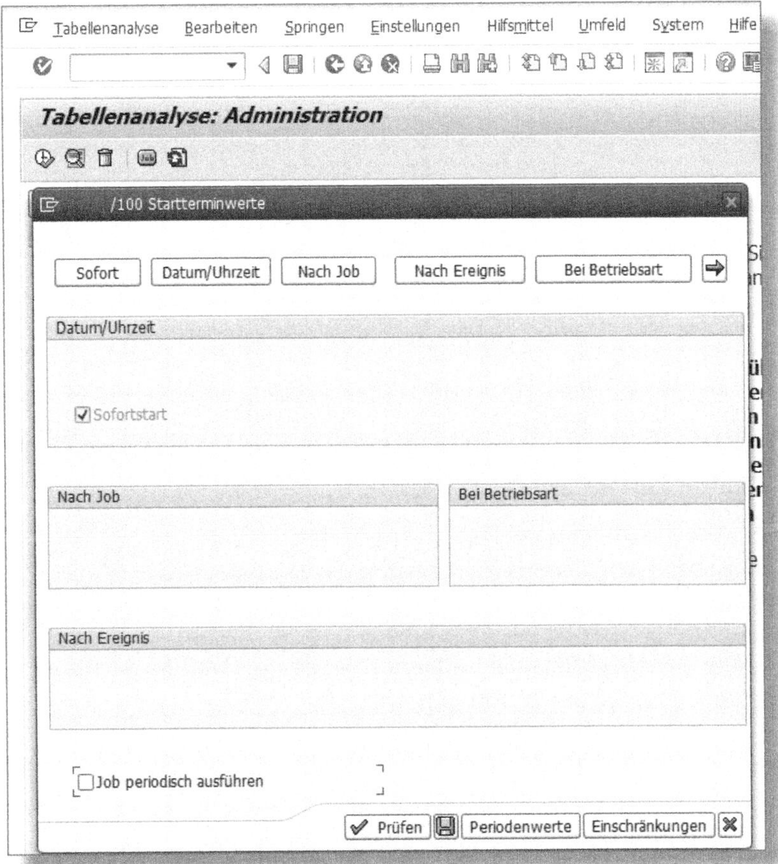

Abbildung 2.11: Tabellenanalyse – Starttermin festlegen

Klicken Sie auf den Button Sofort, um einen Sofortstart der Tabellenanalyse auszulösen.

Klicken Sie auf [✔ Prüfen], und speichern Sie Ihre Auswahl mit einem Klick auf [💾]. Danach startet die Tabellenanalyse automatisch.

Im Start der Transaktion *TAANA* können Sie sich die ausgeführte Analyse anzeigen lassen. Suchen Sie hierzu Ihre analysierte Tabelle, und klappen Sie deren Unterpunkte auf (Abbildung 2.12).

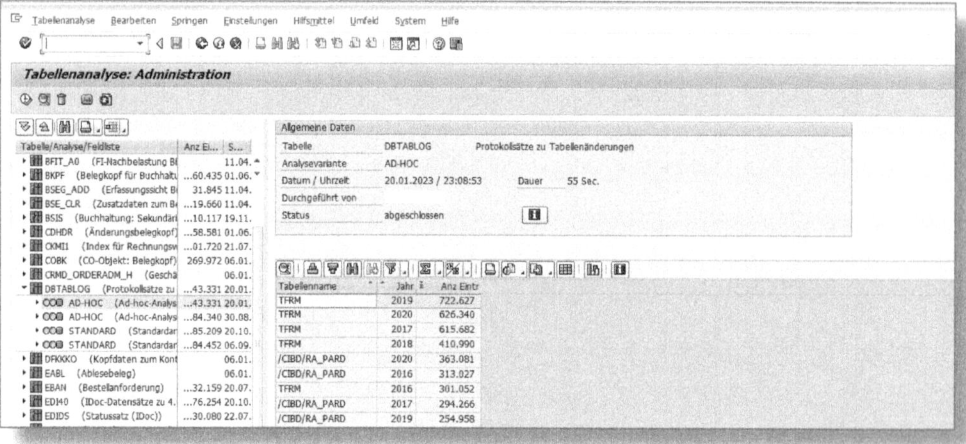

Abbildung 2.12: Tabellenanalyse – Ergebnis

Das eventuell sichtbare Symbol »rote Ampel« zeigt Ihnen, dass die Durchführung der Analyse noch nicht abgeschlossen ist. Die grüne Ampel in unserem Beispiel bedeutet hingegen, dass die Analyse erfolgreich verlaufen und abrufbar ist.

Führen Sie einen Doppelklick auf Ihrer Analysevariante aus. Sie können die Liste der Tabellen horizontal expandieren, um weitere Details der Ausführung Ihrer Analysen einzusehen. Sollte eine Methode der Analysevariante mehrmals ausgeführt worden sein, können Sie anhand des Startdatums und der Startzeit die aktuelle oder eine ältere Tabellenanalyse aufrufen.

Haben Sie Ihre Analyse ausgewählt, sind im oberen Bereich die ALLGEMEINEN DATEN der Analyse ersichtlich. Hier wird beschrieben, um welche TABELLE es sich handelt, welche ANALYSEVARIANTE ausgewählt wurde, wann und von wem die Analyse durchgeführt wurde, wie lange sie dauerte und welchen STATUS sie hat.

Im unteren, interessanteren Bereich können Sie die Anzahl der Einträge Ihrer Analyse einsehen. In einer Matrix werden Ihnen die Anzahl der Tabelleneinträge nach TABELLENNAMEN und JAHR angezeigt.

Möchten Sie eine Tabellenanalyse löschen, führen Sie dies ebenfalls über die Transaktion *TAANA* aus. Wählen Sie hierfür die zu löschende Analysevariante der Tabelle, und klicken Sie im Reiter auf den Button . Bestätigen Sie Ihre Auswahl im Fenster TABELLENANALYSE LÖSCHEN mit einem Klick auf JA. Aktualisieren Sie nun den Transaktionsvorgang *TAANA* mit einem Klick auf den Button im Reiter. Die gelöschte Tabellenanalyse wird nun nicht mehr angezeigt.

2.2.4 Archivablage

In der klassischen Datenarchivierung ist es üblich, ein Archivsystem als Ablage zu nutzen. Sie sollten auf Grundlage dieser Ablageoption die in Abschnitt 1.3.2 vorgestellten *Content Repositories* anlegen. Sollten einige Module bei Ihnen ein hohes Datenaufkommen haben, empfehlen wir Ihnen, die Content Repositories pro Modul zu erstellen. Wenn Sie verschiedene Ablageorte bereitstellen, hilft Ihnen das dabei, die Daten zu strukturieren. Sie können Archivdateien nicht nur pro Modul segmentieren, alternativ ließen sich die Content Repositories auch gemäß der Aufbewahrungszeiten der Daten gliedern.

Beispielsweise könnten Sie für FI-Daten das Content Repository »FI« erstellen. Bei der alternativen Vorgehensweise würden Sie ein Content Repository »10« erstellen, das Daten mit einer Aufbewahrungspflicht von zehn Jahren enthält.

! Benennung von Content Repositories

Namen für Content Repositories können bei der Verwendung der ArchiveLink-Schnittstelle lediglich zwei Ziffern bzw. Buchstaben enthalten.

In Ihrem Archivierungskonzept können Sie zusätzlich notieren, ob die Ablage der Dateien in den verschiedenen Archivierungsobjekten automatisch erfolgen soll. Richten Sie sich dabei nach den Anforderungen der Fach- und IT-Abteilung.

Wie die operative Ablage mit Content Repositories gepflegt wird, werden wir Ihnen in Abschnitt 3.1.1 näher erläutern.

2.2.5 Customizing

In den einzelnen Archivierungsobjekten Ihres Archivierungsprojekts wird es verschiedene Customizing-Einstellungen geben. Mit der Pflege des Customizings sollten Sie diese unbedingt dokumentieren und in Ihr Konzept aufnehmen. Wir empfehlen Ihnen, sämtliche Customizing-Einstellungen in Ihrem Archivierungskonzept den einzelnen Archivierungsobjekten zuzuordnen, da die Anwendung unterschiedlich ausfallen kann.

Das Customizing wird grundsätzlich aus technischer und technisch-fachlicher Perspektive eingestellt. So gibt es ein Basis-Customizing, das unter anderem für folgende Funktionen verwendet wird:

- Verbindung zum Archivserver bzw. zur Ablageoption
- Pflege der temporären Ablage bzw. des Verzeichnisses für Archivdateien
- Benennung der Archivdateien
- Erstellung von Content Repositories
- Zuweisung der Daten und Dokumente zu den Content Repositories

Betrachten wir die technisch-fachliche Seite, werden für die einzelnen Archivierungsobjekte separate Customizing-Einstellungen gepflegt. Dabei unterscheidet man zwischen archivierungsobjektspezifischem sowie anwendungsspezifischem Customizing.

Das Thema »Basis-Customizing« werden wir Ihnen in Abschnitt 3.1.1 und das archivierungsobjektspezifische sowie das anwendungsspezifische Customizing in Abschnitt 3.1.5 genauer erklären.

2.2.6 Jobeinplanung und Variantenpflege

Nun gelangt Ihr Projekt zur Einplanung der SAP-Datenarchivierung. Das Thema *Jobeinplanung* sollte genau dokumentiert werden, damit Sie das systematische Vorgehen in Ihrem Archivierungskonzept jederzeit nachvollziehen können. Außerdem beschreibt die Jobeinplanung die zeitlichen Richtlinien für zukünftige Archivierungen.

Gemäß Ihrer Strategie definieren Sie die Häufigkeit und Terminierung der verschiedenen Archivierungsläufe. Planen Sie, welcher Job wann ausgeführt wird. Vergewissern Sie sich hierbei, dass die Reihenfolge und weitere Faktoren mit dem jeweiligen Archivierungslauf abgestimmt und korrekt sind.

Zuerst legen Sie die Varianten für Ihr ausgewähltes Archivierungsobjekt an. Wir raten Ihnen, sich bei der Pflege der Varianten an die Anforderungen der Fachbereiche zu halten. Als Grundlage nutzen Sie die Tabellenanalyse zu dem Archivierungsobjekt. Die Variantenpflege werden wir Ihnen in Abschnitt 3.2.3 genau erklären.

Als Nächstes können Sie mit der Durchführung beginnen. Diese sollte mit äußerster Vorsicht und erst nach ausgiebigen Tests im Entwicklungs- und Qualitätssystem erfolgen. Grob gegliedert umfasst die Durchführung den folgenden Prozess:

- Vorlauf
- Schreiblauf
- Löschlauf
- Nachlauf
- Ablage

Auch die Durchführung erläutern wir Ihnen in Kapitel 3 anhand verschiedener Beispiele genauer.

Je nach Archivierungsobjekt fallen ggf. Vor- und Nacharbeiten an. Prüfen Sie unbedingt vorab, wo solche nötig sind. Die Vorarbeit beinhaltet beispielsweise das Einspielen von SAP-Hinweisen, denn in einigen Anwendungsfällen ist das Archivieren erst nach Fehlerkorrekturen möglich. Auch die Nacharbeit kann sehr individuell ausfallen, da die Archivierung verschiedener Archivierungsobjekte unterschiedlich ablaufen kann. Im Normalfall geht es dabei um eventuelle Neueinplanungen, den manuellen Start verschiedener Jobs sowie den Aufbau und die Prüfung der Infostrukturen.

2.2.7 Archivzugriff

Eine SAP-Datenarchivierung bringt Veränderungen mit sich. Der Zugriff auf bestimmte Daten ist für Anwender nach einer Archivierung in manchen Anwendungen nicht mehr wie gewohnt möglich. Je nach Archivierungsobjekt gibt es jedoch verschiedene Methoden, um auf archivierte Daten zuzugreifen.

Beim Change Management sollten Sie alles, was damit zusammenhängt, Ihren Nutzern konkret kommunizieren. Auch in Ihrem Archivierungskonzept sollte das Thema »Anzeige archivierter Daten« deshalb einen wichtigen Platz annehmen.

Die Anzeige archivierter Daten kann über SAP-Standard-Transaktionen, über den Document Relationship Browser (DRB) oder mit dem SAP Archive Explorer erfolgen. Wie bereits erwähnt, variieren die Methoden nach Archivierungsobjekt. Dies erklären wir Ihnen in Abschnitt 3.3 nochmals genauer.

2.3 Archivierungsprojekt- und Zeitplan

Neben einem Archivierungskonzept ist für Ihr Projekt eine zeitliche Planung erforderlich. Zur Definition des Projektablaufs benötigen Sie einen Zeitplan und Meilensteine. Dabei nehmen Sie eine Aufgabenteilung vor und bilden Aufgabenpakete. Es gilt die in Ihrem Konzept festgehaltenen Ziele strukturiert in einem Prozess darzustellen.

Sie sollten zum Start Ihres Archivierungsprojekts festgelegt haben, welche Daten in welchen Bereichen und Ländern davon erfasst werden. Die Grundlage hierfür ist die Analyse des Systems. Wenn die Vorbereitungen abgeschlossen sind und Ihr Archivierungskonzept erstellt ist, müssen Sie die technischen Rahmenbedingungen für das Projekt schaffen. Vergewissern Sie sich, dass die nötigen Rollen und Berechtigungen vergeben und in Ihrem Dateisystem die Verzeichnisse für die Ablage angelegt sind.

Im nächsten Schritt erstellen Sie einen Zeitplan für die fachlichen Abstimmungen mit den betroffenen Abteilungen. Wir empfehlen Ihnen, ausführliche Workshops zu veranstalten, bei denen die Kriterien für zu archivierende Daten festgelegt werden. Hier sind die Intentionen und Anforderungen der jeweiligen Fach- und IT-Abteilung ausschlaggebend. In den Workshops können Sie Synergien schaffen und die Kommunikation für das Change Management vorbereiten. Die Veränderungen beim Zugriff auf archivierte Daten sollten für die Anwender nach dem Go-live verständlich kommuniziert werden. Inhaltlich sollten Sie in der fachlichen Abstimmung planen, welche Archivierungsobjekte in welchem Land zu welcher Zeit archiviert werden.

Die Aufgabenpakete, die sich unter anderem aus Ihrem Archivierungskonzept ergeben, können Sie in einem Projektplan zeitlich ordnen. Bei der Erstellung von DART-Extrakten müssen Sie die Reihenfolge beachten, denn dieser Schritt muss stets vor der Archivierung stattfinden.

Bei komplexeren Archivierungsprojekten empfehlen wir zur Vermittlung eines besseren Überblicks die Planung pro Archivierungsobjekt vorzunehmen. Für jedes Archivierungsobjekt könnten Sie damit ein separates Konzept erstellen, in dem Sie die gesamten Informationen sammeln und für Anwender verfügbar machen. In das Archivierungskonzept gehören, wie Sie bereits wissen, die technischen Merkmale des Archivierungsobjekts, die fachlichen und gesetzlichen Anforderungen, die Dokumentation der Anlage Ihres Customizings, die Einplanung des Jobs samt Projektablauf und eine ausführliche Beschreibung des Zugriffs auf archivierte Daten. Jedes Archivierungsobjekt kann so separat geplant werden.

Nachdem Sie die Planung für Ihre Archivierungsobjekte dokumentiert haben, sollten Sie Ihre inhaltlichen Festlegungen testen. Wir empfehlen Ihnen, Customizing und Durchführung der Archivierungsläufe zunächst in einer Testumgebung vorzunehmen. Planen Sie für das Testen und Transportieren des Customizings genug Zeit ein. Oberflächliche Tests bergen ein deutliches Fehlerrisiko in Ihrem Archivierungsprojekt.

Die Durchführung der Datenarchivierung erklären wir Ihnen in Kapitel 3 ausführlich.

Nach der Testphase im Test- und Qualitätssystem können Sie die Einstellungen Ihrer Konzepte auf das Produktivsystem übertragen und den Go-live des Projekts beginnen. Wir beziehen uns bei unserem exemplarischen Anwendungsfall auf die einfache Systemlandschaft mit drei SAP-Systemen.

Nehmen Sie in Ihre Planung auch die Schulung des beteiligten Personals auf. Sie sollte möglichst umfangreich ausfallen, um folgenschwere Fehler in der Zukunft zu vermeiden. Nach dem Go-live empfiehlt es sich, gesonderte Kapazitäten für den Beginn der Betriebsphase zuzuweisen.

Anhand unserer Empfehlung hinsichtlich der Projektplanung lässt sich das Vorgehen in einem Fünf-Phasen-Modell darstellen (Abbildung 2.13).

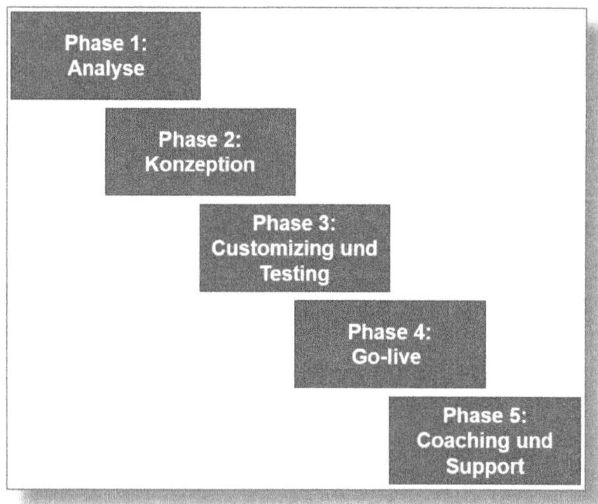

Abbildung 2.13: Phasen im SAP-Datenarchivierungsprojekt

Haben Sie Ihre Strategie formuliert und die Planung inklusive Archivierungskonzept erfolgreich festgelegt, können Sie mit der Durchführung der Archivierung beginnen. Die Phasen im Archivierungsprozess gehen wir im nächsten Kapitel an.

3 Phasen im Archivierungsprozess

Die Datenarchivierung auf einem SAP-System kann ein komplexer Prozess sein, und es gibt mehrere Phasen, die nacheinander durchlaufen werden müssen, um einen erfolgreichen Abschluss des Projekts sicherzustellen. In diesem Kapitel gehen wir mit Ihnen diese Phasen im Einzelnen durch.

Im Verlauf dieses Buches haben Sie bereits das Thema »Strategie und Planung« kennengelernt. Hier ist ein allgemeiner Überblick über die Schritte, die bei der Durchführung einer Datenarchivierung auf einem SAP-System zu beachten sind:

1. **Planung:** Bevor Sie mit der Datenarchivierung beginnen, müssen Sie einen Plan erstellen, der die Ziele der Archivierung, die zu archivierenden Daten, die Archivierungsmethoden und -tools, die erforderlichen Ressourcen und den Zeitplan festlegt.

2. **Datenaufnahme:** Sie nehmen die Daten, die archiviert werden sollen, auf und stellen sicher, dass sie vollständig und korrekt sind.

3. **Datenaufbereitung:** Bevor die Daten archiviert werden, müssen sie aufbereitet werden, indem unnötige Daten entfernt und benötigte Daten konsolidiert werden.

4. **Archivierung:** Sie ist der Kern des Archivierungsprozesses. Die einzelnen Schritte, wie Sie hier vorgehen, beschreiben wir ausführlich zum Ende dieses Kapitels.

5. **Datenaufbewahrung:** Nachdem die Daten archiviert worden sind, müssen sie so aufbewahrt werden, dass sie jederzeit zugänglich sind, wenn sie benötigt werden.

6. **Monitoring:** Nachdem die Daten archiviert worden sind und nun entsprechend aufbewahrt werden, müssen sie regelmäßig überwacht werden, um sicherzustellen, dass sie vollständig und korrekt sind und dass die Archivierung erfolgreich durchgeführt worden

ist. Dies kann durch die Überwachung von Protokollen und Berichten erfolgen, die von den Archivierungswerkzeugen generiert werden.

7. **Testen:** Es ist wichtig, die Archivierung regelmäßig zu testen, um sicherzustellen, dass sie korrekt funktioniert und dass die archivierten Daten jederzeit angezeigt werden können.

8. **Dokumentation:** Die Archivierung muss jederzeit nachvollziehbar sein und im Falle eines Audits oder einer Prüfung nachgewiesen werden können.

Die genauen Schritte und Anforderungen für die Durchführung einer Datenarchivierung auf einem SAP-System hängen von Ihrem Unternehmen und Ihrer spezifischen SAP-Umgebung ab. Wir empfehlen Ihnen, sich an einen erfahrenen SAP-Berater oder einen SAP-Partner zu wenden, um sicherzustellen, dass die Archivierung erfolgreich durchgeführt wird und den Anforderungen entspricht.

3.1 Technisches Set-up

Ein schlüssig aufgebautes technisches Set-up gewährleistet ein stabiles Fundament für die SAP-Datenarchivierung. An diesem Punkt Ihres Archivierungsprojekts beginnen Sie Ihre strategischen Ziele in die Praxis umzusetzen.

Die Entscheidungen, die Sie getroffen haben, spiegeln sich erstmals im Basis-Customizing wider. In diesem Abschnitt des Buches zeigen wir Ihnen, wie Sie Ihr System technisch auf eine SAP-Datenarchivierung vorbereiten.

3.1.1 Basis-Customizing

Ihre zu archivierenden Daten durchlaufen verschiedene Stationen, die Sie durch das Basis-Customizing festlegen. Das *Basis-Customizing* beinhaltet unter anderem die Aufgabe, korrekte Pfade für Ihre Daten zu definieren.

Übergabeverzeichnis pflegen

Die erste Station für Ihre Daten ist das Übergabeverzeichnis. Dort legen Sie eine temporäre Ablage fest. Die SAP-Transaktion *AL11* dient dazu, den Inhalt des SAP-Dateisystems anzuzeigen und zu verwalten (Abbildung 3.1).

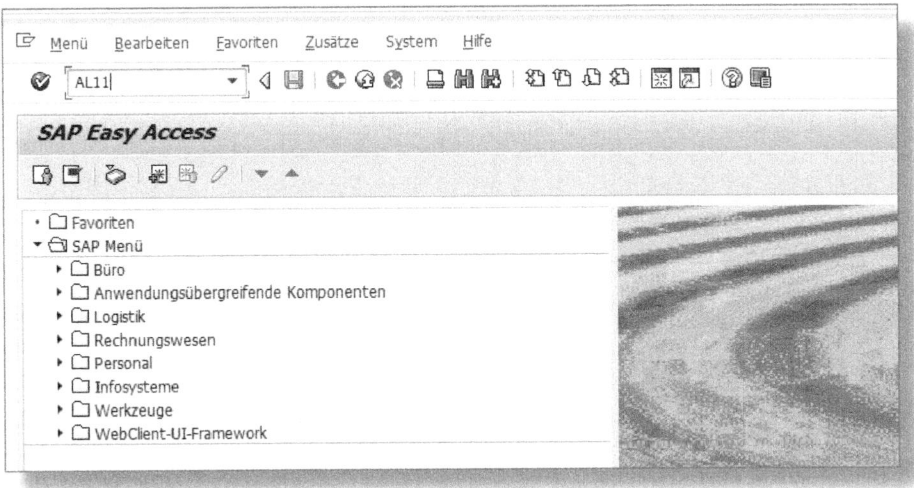

Abbildung 3.1: Transaktion AL11 aufrufen

Mit ihr können Sie auf die Dateien und Verzeichnisse im SAP-System zugreifen, wie z. B. Ablagespeicher, Spoolausgabe, Programmdateien etc. Sie ermöglicht auch das Erstellen, Löschen und Umbenennen von Verzeichnissen sowie das Hochladen und Herunterladen von Dateien (Abbildung 3.2).

In SAP-Systemen werden Dateien und Verzeichnisse in einem hierarchischen Dateisystem gespeichert, das ähnlich wie das Betriebssystem-Dateisystem aufgebaut ist. Es besteht aus einem Root, unter dem sich weitere Unterverzeichnisse und Dateien befinden können.

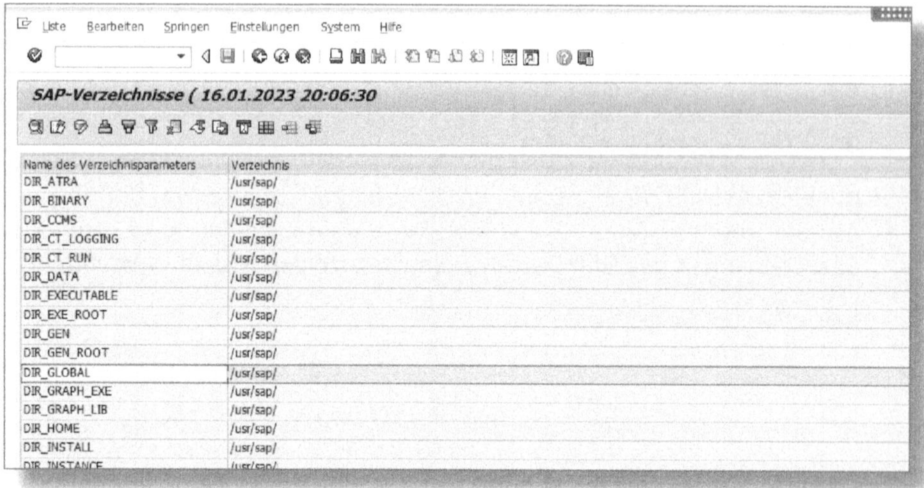

Abbildung 3.2: Transaktion AL11 – SAP-Verzeichnisse

Es gibt auch andere, spezielle Verzeichnisse, die für bestimmte Aufgaben oder Funktionen verwendet werden. Mit der Transaktion *AL11* können Sie auf diese Verzeichnisse zugreifen und die darin enthaltenen Dateien verwalten. Als Beispiel wurde das in Abbildung 3.2 markierte Verzeichnis DIR_GLOBAL ausgewählt.

In SAP-Systemen werden Archivdateien zunächst in einem Verzeichnis im Dateisystem gespeichert, das als Übergabe- bzw. Austauschverzeichnis bezeichnet wird. Es dient als temporärer Speicherort, bevor die Daten in das Archivsystem übertragen werden. Wenn Sie jedoch kein Archivsystem verwenden möchten, sondern Ihnen nur das Dateisystem als Ablageort zur Verfügung steht, wird das Dateisystem zur Endstation für die Archivdateien. Diese Lösung ist zwar denkbar, da dieser Ablageort jedoch nicht revisionssicher ist, raten wir von der dauerhaften Ablage Ihrer Archivdateien im Dateisystem ab.

Logischen Dateinamen und physischen Pfad definieren

Die SAP-Datenarchivierung erfordert die Definition von geeigneten Pfad- und Dateinamen für die Archivdateien. Bei Verwendung von beschreibenden und logisch aufgebauten Dateinamen lassen sich die

Archivdateien schneller identifizieren. Es ist auch möglich, sie in verschiedenen Verzeichnissen zu speichern, wenn die entsprechenden Pfadnamen erstellt wurden. Die Pfad- und Dateinamen können Sie mandantenunabhängig mit der Transaktion *FILE* definieren. In diesem Buch konzentrieren wir uns auf diese mandantenunabhängige Variante, da dies die Standardvorgehensweise ist.

Es gibt sowohl logische als auch physische Pfad- und Dateinamen. Die Archivdateien werden immer unter einem physischen Pfadnamen im Dateisystem gespeichert, und dieser Pfadname wird aus dem logischen Pfadnamen abgeleitet. Beide Bezeichnungen können Sie individuell definieren. Im SAP-Standard sind im Basis-Customizing bereits Einstellungen für die Archivierungsobjekte hinterlegt (Abbildung 3.3).

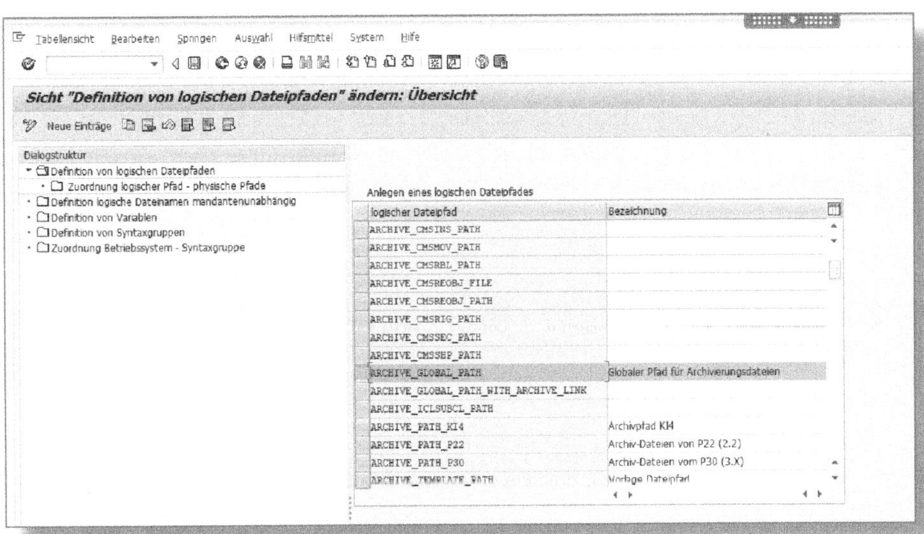

Abbildung 3.3: Transaktion FILE

Damit Sie einen logischen Dateipfad definieren können, müssen Sie einen Eintrag erstellen oder einen bestehenden anwählen. SAP bietet im Standard den logischen Dateipfad ARCHIVE_GLOBAL_PATH. Diesen ordnen wir nun einem physischen Dateipfad zu, indem wir ihn anwählen und auf der Dialogstruktur den Punkt ZUORDNUNG LOGISCHER PFAD – PHYSISCHE PFADE klicken (Abbildung 3.4).

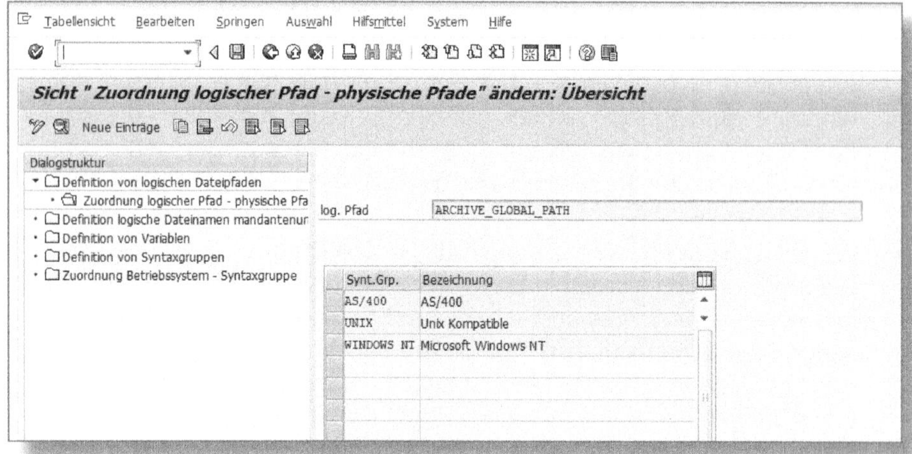

Abbildung 3.4: Dateipfad definieren

Nach der Zuordnung pflegen wir den physischen Pfad zum logischen Pfad mit einem Doppelklick auf ein beliebiges Betriebssystem. In unserem Beispiel wählen wir *AS/400* aus (Abbildung 3.5).

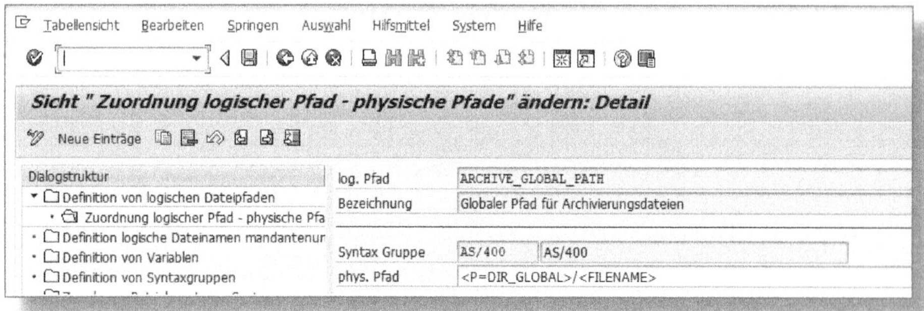

Abbildung 3.5: Zuordnung logischer Pfad zu physischem Pfad

Im nächsten Schritt wählen Sie im physischen Pfad (PHYS. PFAD) das Austauschverzeichnis aus, das gemäß Abbildung 3.2 bestimmt wurde, und sichern Ihre Eingabe.

Durch Doppelklick auf den Menüpunkt DEFINITION LOGISCHE DATEINAMEN MANDANTENUNABHÄNGIG öffnen sich die im SAP-System vorhandenen logischen Dateinamen. In unserem Beispiel wählen wir den logischen Dateinamen ARCHIVE_DATA_FILE aus (Abbildung 3.6).

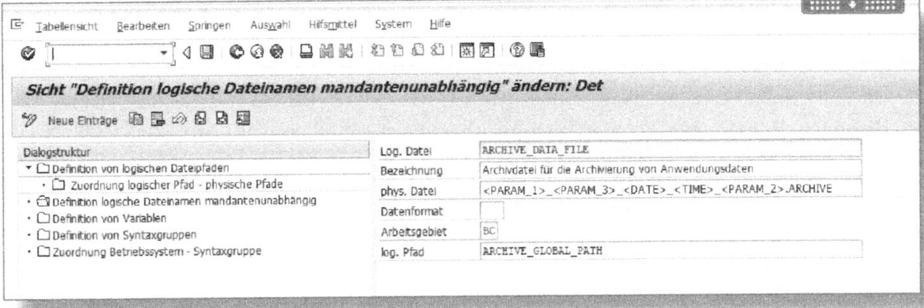

Abbildung 3.6: Definition logischer Dateiname

Hinter dem logischen Dateinamen steht der physische Dateiname, gemäß dessen Schema die in Zukunft zu erstellenden Archivdateien benannt werden. In Abbildung 3.6 erkennen Sie, dass Parameter im physischen Dateinamen vorhanden sind. Diese dienen zur Namensgebung und können angepasst werden. Für den logischen Dateinamen ARCHIVE_DATA_FILE empfehlen wir als Best-Practice-Ansatz folgenden Aufbau des physischen Dateinamens: <PARAM_1>_<PARAM_3>_<DATE>_<TIME>_<PARAM_2>.ARCHIVE.

Folgende Parameter können Sie zur individuellen Namensgebung nutzen:

- *SYSID:* ERP-Systemname
- *CLIENT:* Mandant
- *DATE:* Datum
- *TIME:* Zeit
- *YEAR:* Jahr
- *MONTH:* Monat
- *PARAM_1:* externer Parameter 1 (Applikationskürzel mit zwei Stellen, Beispiel Finanzwesen: FI)

- *PARAM_2:* externer Parameter 2 (alphanumerisches Zeichen mit einer Stelle, 0 bis 9 oder A bis Z)
- *PARAM_3:* externer Parameter 3 (Archivierungsobjektname, Beispiel: FI_DOCUMNT)

In das Feld des logischen Pfads tragen Sie den Pfad ein, den Sie zuvor definiert haben. In unserem Beispiel steht deshalb in diesem Feld der logische Pfad *ARCHIVE_GLOBAL_PATH*.

Den Eintrag bilden wir für das Archivierungsobjekt BC_DBLOGS beispielhaft ab (Abbildung 3.7).

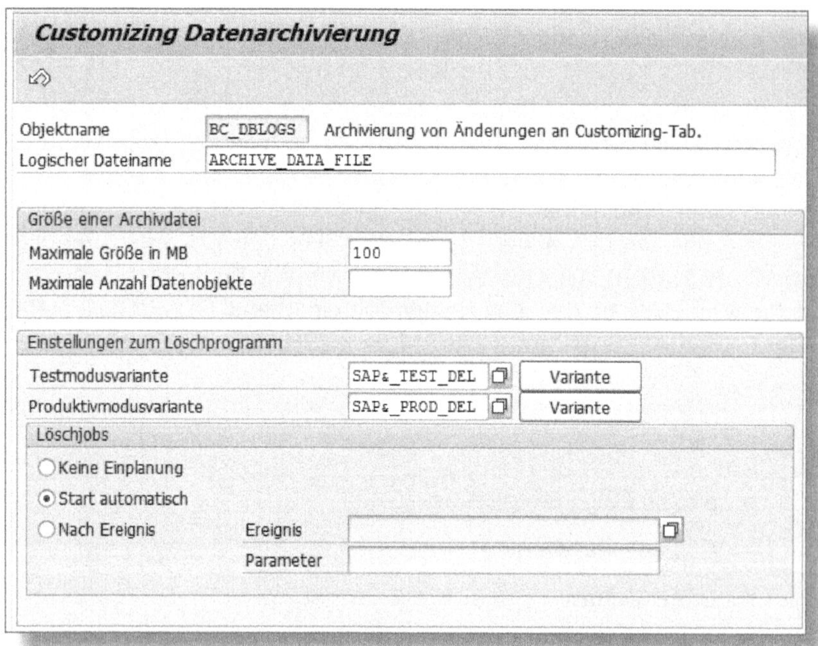

Abbildung 3.7: Archivierungsobjektspezifisches Customizing für Archivierungsobjekt BC_DBLOGS

Mit dieser Konfiguration haben Sie den logischen Dateinamen Ihrem Verzeichnis mandantenunabhängig zugeordnet. Zudem speichert Ihr archivierungsobjektspezifisches Customizing nun den logischen Dateinamen und berücksichtigt den zugewiesenen Pfad der temporären Ablage.

3.1.2 Content Repository pflegen

Das *Content Repository* ist in der klassischen SAP-Datenarchivierung bei Nutzung eines Archivsystems, der Datenbank und des Dateisystems als Ablage eine unverzichtbare Strukturmethode. Damit Sie Ihre zu archivierenden Daten ablegen können, benötigen Sie neben Ihren Verzeichnissen auch Content Repositories. Sie finden meist Platz in Archivsystemen. Nutzen Sie ArchiveLink als Schnittstelle bzw. Content Repositories, muss sichergestellt sein, dass Ihr Archivsystem die notwendige Zertifizierung besitzt.

Wir werden Ihnen im Folgenden das Anlegen eines Content Repository näher erläutern.

Zum Start Ihrer Content-Repository-Pflege rufen Sie die Transaktion *OAC0* auf (Abbildung 3.8).

Abbildung 3.8: Transaktion OAC0 – Einstieg

Ihnen wird die Liste der Content Repositories angezeigt. Das Feld CONTENT-REPOSITORY gibt den Namen des jeweiligen Content Repository an. Unter DOKBEREICH können Sie einsehen, in welchem Dokumentbereich die Verwaltung der abgelegten Dokumente stattfindet. Das Feld ABLAGETYP zeigt Ihnen die Datenbank des SAP-Systems an. Klicken Sie auf den Button , um sich die Detailansicht des ausgewählten Content Repository anzeigen zu lassen. Dort werden neben dem Namen, der Beschreibung und dem Dokumentbereich sowie Ablagetyp noch weitere Merkmale angezeigt. Wichtig sind die Inhaltstabelle und das Austauschverzeichnis. Prüfen Sie an dieser Stelle nochmals, ob der richtige Pfad für das Austauschverzeichnis angegeben ist.

Für das Erstellen eines Content Repository auf einem externen Archivsystem klicken Sie auf . So wechseln Sie in den Bearbeitungsmodus. Nun können Sie über den Button ein neues Content Repository anlegen. Ihnen wird das Fenster CONTENT-REPOSITORY ÄNDERN: DETAIL angezeigt (Abbildung 3.9).

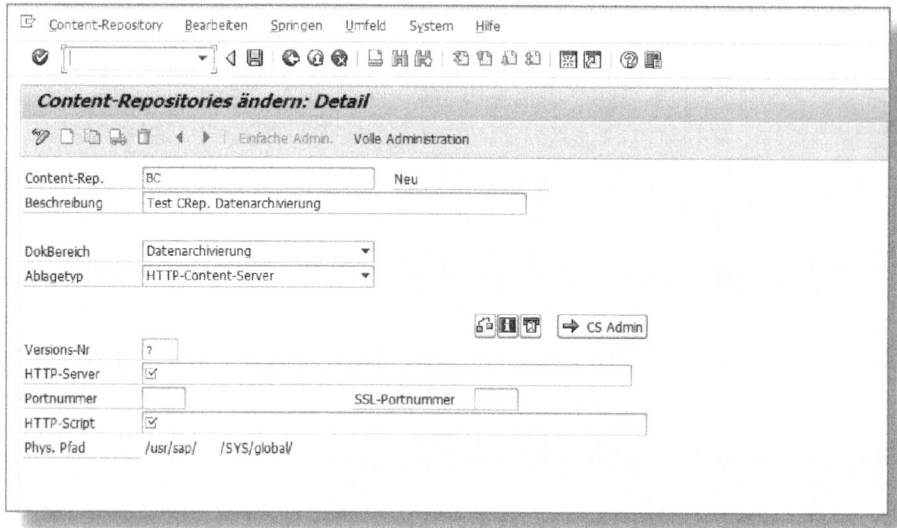

Abbildung 3.9: Content Repository anlegen – Archivsystem

Nun füllen Sie die notwendigen Felder aus.

Vergeben Sie für Ihr Content Repository im Feld CONTENT-REP. eine Bezeichnung. Diese muss aus einer zweistelligen alphanumerischen ID bestehen, da wir in diesem Beispiel ArchiveLink als Schnittstelle nutzen. Wir haben hier *BC* eingetragen.

Unter BESCHREIBUNG können Sie eine Kurzbeschreibung eintragen.

Im Feld DOKBEREICH wählen Sie für Archivdateien die Option *Datenarchivierung* aus. Für Dokumente brauchen Sie den Eintrag *ArchiveLink*.

Möchten Sie ein Content Repository auf Ihrer Datenbank anlegen, gehen Sie analog vor. Der Unterschied ist lediglich, dass Sie im Feld ABLAGETYP die Möglichkeit *Datenbank des SAP-Systems* auswählen (Abbildung 3.10).

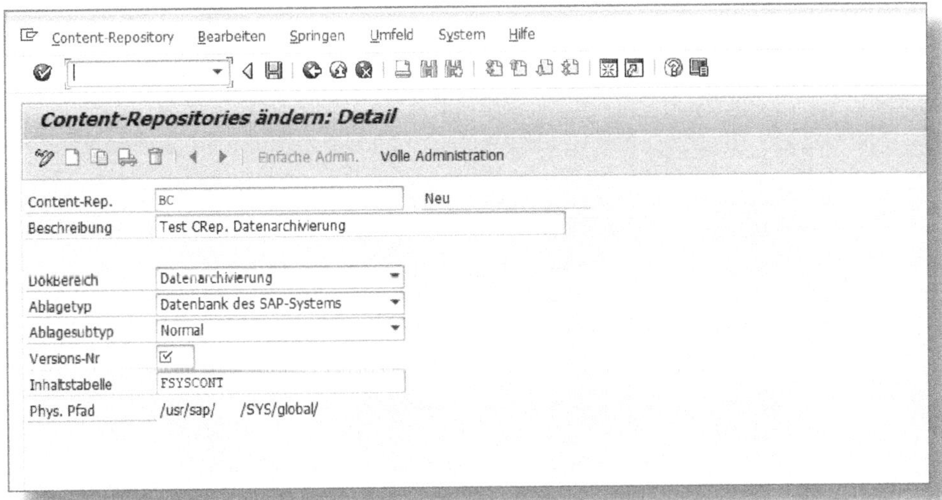

Abbildung 3.10: Content Repository anlegen – Datenbank

Mit dieser Auswahl passen sich die weiteren Felder und Auswahlmöglichkeiten der korrekten Option für den Ablagetyp *Datenbank des SAP-Systems* an.

☛ Content Repositories systematisch planen

Legen Sie Ihre Content Repositories bedacht und systematisch an. Planen Sie deren Struktur bereits vor Beginn der Archivierung. Dabei sollten Sie verschiedene Aspekte beachten, wie zum Beispiel:

- Aufbewahrungsfrist pro Content Repository
- Vergabe der IDs
- Anzahl der Content Repositories

Exkurs: Dokumentarten und Dokumenttypen

Über die Transaktion *OAC2* erstellen und pflegen Sie Dokumentarten und Dokumenttypen. Diese sind kein Bestandteil der SAP-Datenarchivierung. Allerdings sind sie für Drucklisten wichtig, weshalb wir hier in einem Exkurs die Grundlagen der Dokumentarten sowie -typen für Sie veranschaulichen.

In Drucklisten wird die Dokumentart D01 verwendet. Die Dokumentarten sind jeweils in der ersten Spalte der Tabelle ersichtlich. Als Dokumenttyp nutzt man für Drucklisten ALF. DART-Extrakte haben den Dokumenttyp BIN. Mittels der Transaktion *OAC2* untersuchen Sie, welcher DOKUMENTTYP einer DOKUMENTART zugrunde liegt (Abbildung 3.11).

Sie können Dokumentarten außerhalb des SAP-Standards individuell pflegen. Etwa dann, wenn Sie beispielsweise Drucklisten von Archivierungsläufen aus verschiedenen Modulen benötigen. So lässt sich eine Dokumentart für das Modul FI mit der Bezeichnung »DFI« erstellen oder eine Dokumentart für das Modul SD mit der Bezeichnung »DSD«.

Zusätzlich müssen Sie Verknüpfungen von Objekttypen, Content Repositories und Dokumentarten erstellen und pflegen. Eine Verknüpfung ermittelt für das abzulegende Dokument die zugehörigen Verknüpfungstabellen und das Content Repository. Die Erstellung und Pflege veranlassen Sie in der Transaktion *OAC3*.

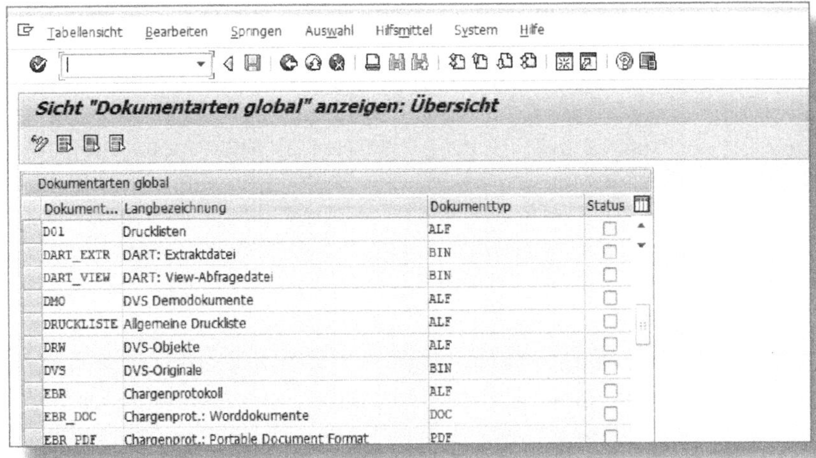

Tabellensicht Bearbeiten Springen Auswahl Hilfsmittel System Hilfe

Sicht "Dokumentarten global" anzeigen: Übersicht

Dokumentarten global

Dokument...	Langbezeichnung	Dokumenttyp	Status
D01	Drucklisten	ALF	
DART_EXTR	DART: Extraktdatei	BIN	
DART_VIEW	DART: View-Abfragedatei	BIN	
DMO	DVS Demodokumente	ALF	
DRUCKLISTE	Allgemeine Druckliste	ALF	
DRW	DVS-Objekte	ALF	
DVS	DVS-Originale	BIN	
EBR	Chargenprotokoll	ALF	
EBR_DOC	Chargenprot.: Worddokumente	DOC	
EBR_PDF	Chargenprot.: Portable Document Format	PDF	

Abbildung 3.11: Transaktion OAC2 – Einstieg

Tabellensicht Bearbeiten Springen Auswahl Hilfsmittel System Hilfe

Sicht "Verknüpfungen für Content Repositories" anzeigen: Übersicht

Verknüpfungen für Content Repositories

Objekttyp	Dokumentart	S	Cont.Rep.ID	Verknüpfung	Verweilzeit
DRAW	D01	X	A2	TOA01	0
DRAW	DMO	X	A2	TOA01	0
DRAW	DRW	X	A2	TOA01	0
DRAW	PI_CHARGE	X	D3	TOA01	0
DRAW	ZFI_DGRP1	X	P6	TOA01	132
DRAW	ZFI_DGRP2	X	P6	TOA01	132
ECM	CAF_GP	X	A2	TOA01	0
EKKO	MEOACKNOWL	X	A2	TOA01	0
EKKO	MEOAGREEM	X	A2	TOA01	0
EKKO	MEOORDER	X	A2	TOA01	0
EKKO	MEOREMIND	X	A2	TOA01	0

Abbildung 3.12: Transaktion OAC3 – Einstieg

In Abbildung 3.12 erkennen Sie, dass dem OBJEKTTYP DRAW mit der DOKUMENTART D01 das Content Repository (Spalte CONT.REP.ID) A2 zugeordnet wird. Diese Konstellation wird außerdem der Verknüpfungstabelle (VERKNÜPFUNG) TOA01 zugeordnet.

Sie können in der Transaktion *OAC3* zusätzlich eine Verweilzeit vergeben. Die Verweilzeit bestimmt, welche Zeit ablaufen muss, bevor die Verknüpfungseinträge aus den TOA-Tabellen der Drucklisten archiviert werden dürfen.

Archive Routing

Mit dem *Archive Routing* in SAP werden Archivdateien automatisch in ausgewählten Ablagebereichen gesichert. Dabei können Sie Regeln und Bedingungen pro Archivierungsobjekt definieren, um Kriterien für eine genaue Zuweisung zu generieren. Im Archive-Routing-Customizing lassen sich diverse logische Dateinamen hinterlegen. Archivdateien können nach verschiedenen Kriterien getrennt abgelegt werden, beispielsweise nach:

- Buchungskreis
- Verkaufsorganisation
- Einkaufsorganisation
- Geschäftsjahr
- Vorgangsart
- Belegart

Steht ein Archiv für die Ablage bereit, kann das Content Repository gepflegt werden.

In das Archive Routing gelangen Sie über das Customizing Ihres Archivierungsobjekts (Abbildung 3.13).

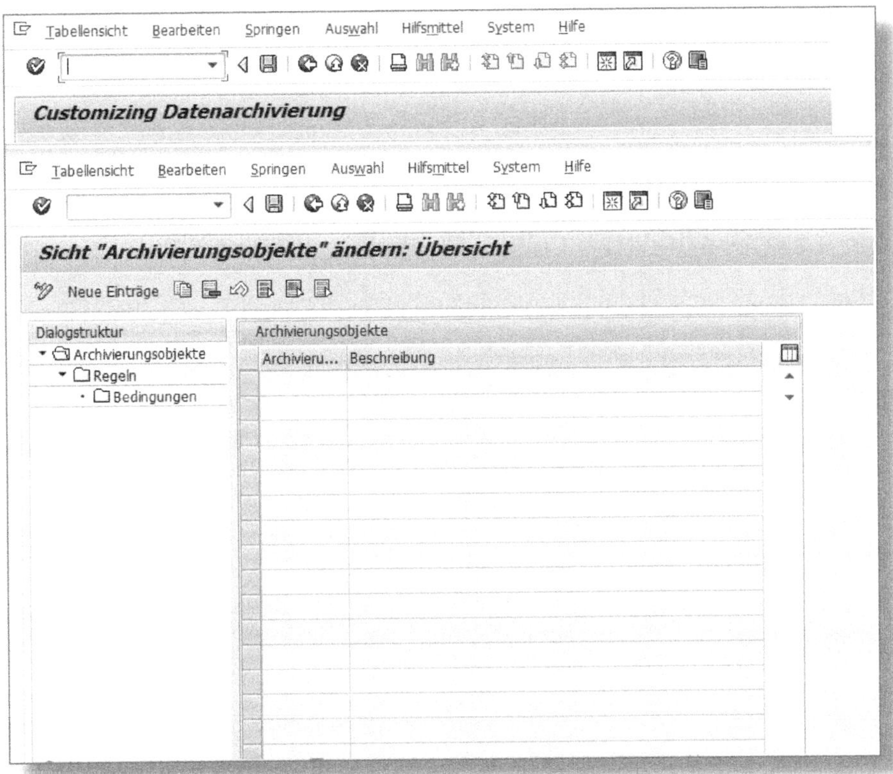

Abbildung 3.13: Transaktion SARA – Archive Routing

3.1.3 Berechtigungen

Damit Sie die verschiedenen Transaktionen im Rahmen der Datenarchivierung bedienen können, benötigen Sie bestimmte *Berechtigungen*. Die Rolle für den Administrator der Datenarchivierung wird *Datenarchivierungsadministrator* genannt. Diese Rolle besitzt in SAP die erforderlichen Rechte. Im SAP-Standard ist er mit dem technischen Namen SAP_BC_CCM_DATA_ARCHIVING versehen. Vergewissern Sie sich, dass diese Rolle entsprechend vergeben wird. Darüber hinaus werden eventuell weitere Rollen und Berechtigungen benötigt, beispielsweise für Entwicklungstätigkeiten, die von der Rolle des Datenarchivierungsadministrators abweichen.

Das Vergeben von Rollen und Berechtigungen sollten Sie zumindest in Ihr Archivierungskonzept aufnehmen. Bei umfangreicheren Projekten empfehlen wir, dass Sie sogar ein separates Konzept explizit für Rollen und Berechtigungen anfertigen.

3.1.4 Archivierungsobjektspezifisches Customizing

Eine weitere technische Konfiguration zur SAP-Datenarchivierung müssen Sie im *archivierungsobjektspezifischen Customizing* vornehmen. Auf dieser Ebene der Konfiguration bestimmen Sie die technischen Grundlagen für Ihr ausgewähltes Archivierungsobjekt. Das archivierungsobjektspezifische Customizing rufen Sie über die Transaktion *AOBJ* auf. Alternativ gibt es einen Absprung aus der Transaktion *SARA* unter CUSTOMIZING • TECHNISCHE EINSTELLUNGEN.

Der Einstieg in die Transaktion *AOBJ* ermöglicht Ihnen die Auswahl eines Archivierungsobjekts. Dazu doppelklicken Sie einfach auf das gewünschte Archivierungsobjekt. Durch einen Klick auf [Positionieren...] beschleunigen Sie Ihre Suche mit einer Texteingabe (Abbildung 3.14).

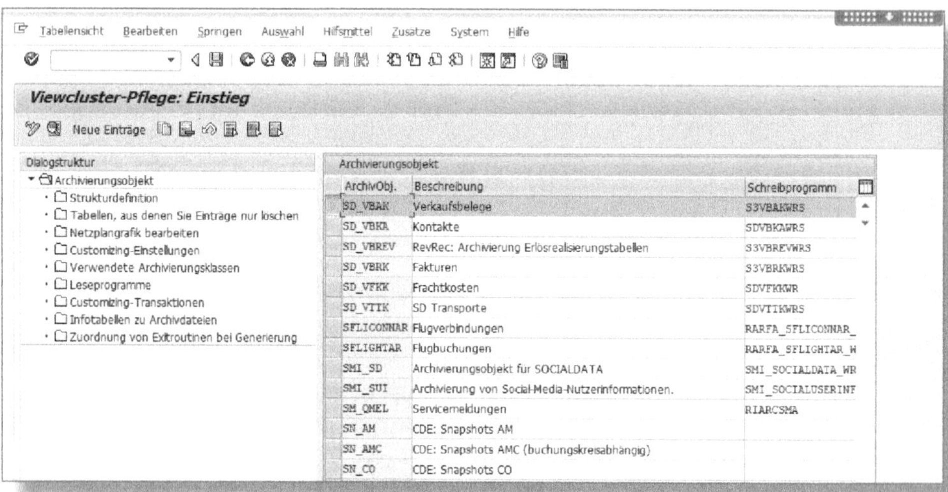

Abbildung 3.14: Transaktion AOBJ – Einstieg

Unter Menüpunkt ARCHIVIERUNGSOBJEKT finden Sie detaillierte Informationen (Abbildung 3.15).

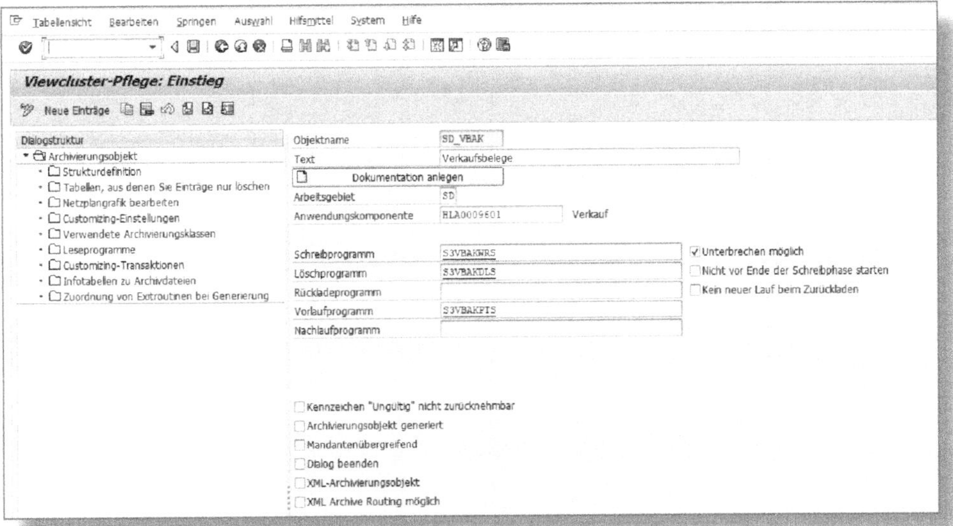

Abbildung 3.15: Transaktion AOBJ – Programme zum Archivierungsobjekt

Unter anderem können Sie hier den TEXT für das Archivierungsobjekt, das ARBEITSGEBIET bzw. das Modul oder die ANWENDUNGSKOMPONENTE einsehen. Diese Informationen sind für kundenindividuelle Progammierungen erforderlich. Außerdem sehen Sie die Programme des Archivierungsobjekts – sie lassen sich über die Buttons in der Transaktion SARA starten. Alternativ könnten diese Reports auch in der Transaktion *SE38* ausgeführt werden.

Im nächsten Schritt rufen Sie das archivierungsobjektspezifische Customizing auf. Wählen Sie hierzu den Punkt CUSTOMIZING-EINSTELLUNGEN im Menübaum per Doppelklick aus (Abbildung 3.16).

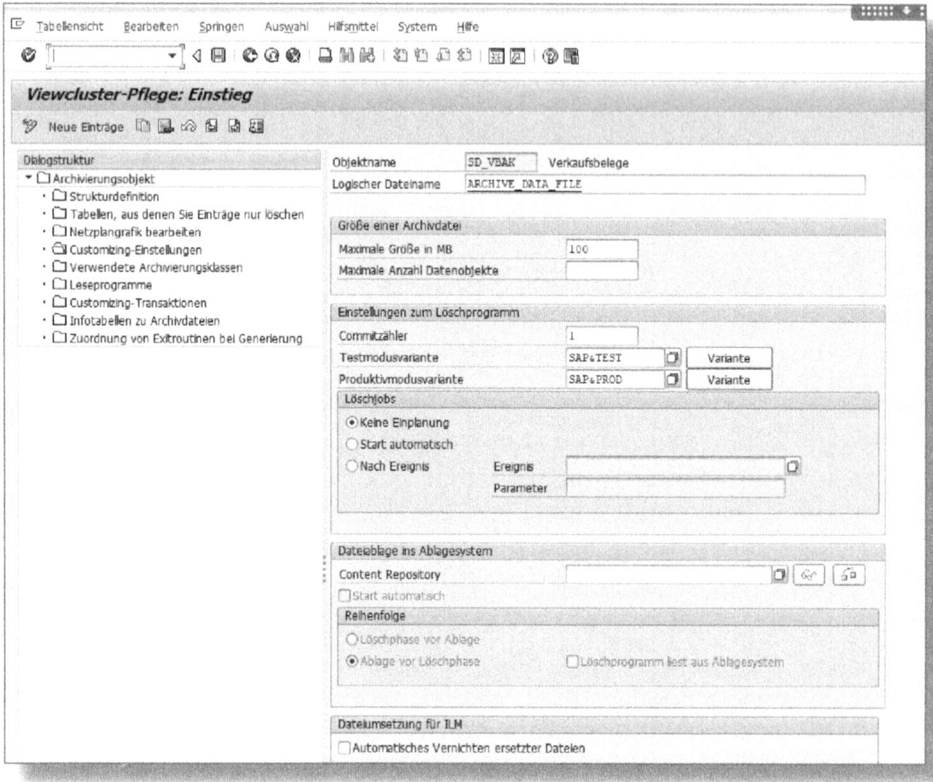

Abbildung 3.16: Transaktion AOBJ – archivierungsobjektspezifische Customizing

Das archivierungsobjektspezifische Customizing dient zur Pflege der GRÖSSE EINER ARCHIVDATEI und des LOGISCHEN DATEINAMENS.

Wir empfehlen Ihnen, die Größe der Archivdateien je nach Ihrem System anzupassen. Falls Sie das System beim Archivierungslauf überlasten, kann das zu Abbrüchen aufgrund einer Zeitüberschreitung führen. Zudem dauert ein späterer Archivzugriff umso länger, je größer Ihre Archivdateien sind.

Hinter dem logischen Dateinamen stehen der physische Dateiname, den Sie im Basis-Customizing gepflegt haben, sowie darüber hinaus der physische Pfad.

Des Weiteren lässt sich unter EINSTELLUNGEN ZUM LÖSCHPROGRAMM die Automatisierung von LÖSCHJOBS einstellen. Sie könnten den START AUTOMATISCH veranlassen oder den Löschjob NACH einem EREIGNIS einstellen. Wir empfehlen, diesen Vorgang manuell durchzuführen, also KEINE EINPLANUNG vorzunehmen. Dann prüfen Sie nach dem Schreibjob, ob die Archivdateien korrekt geschrieben wurden, und nehmen die Löschung nach Freigabe selbst vor.

Im Bereich DATEIABLAGE IM ABLAGESYSTEM ordnen Sie die Archivdateien des Archivierungsobjekts einem CONTENT REPOSITORY zu, damit Sie die Ablagestruktur einhalten. Sie können zudem Einstellungen zur Löschung der Archivdateien und eine Ablagereihenfolge der Archivdateien bestimmen.

Darüber hinaus können Sie entscheiden, ob die LÖSCHPHASE VOR ABLAGE oder die ABLAGE VOR LÖSCHPHASE erfolgen soll. Wir empfehlen Letzteres, damit Sie sicherstellen, dass die Daten bereits im Archiv liegen, bevor sie gelöscht werden. Außerdem startet dabei ein Abgleich zwischen den Daten in der Archivdatei und in den SAP-Datenbanktabellen. So stellen Sie sicher, dass sich die Daten vor Löschung aus der Datenbank in der Archivdatei befinden.

Alternativ können Sie diese Einstellungen in der Transaktion *SARA* im archivierungsobjektspezifischen Customizing unter dem Reiter TECHNISCHE EINSTELLUNGEN konfigurieren.

3.1.5 Anwendungsspezifisches Customizing

Im *anwendungsspezifischen Customizing* werden hauptsächlich Residenzzeiten für Archivierungsobjekte festgelegt. In der Transaktion *AOBJ* ist die Transaktion hierfür über den Punkt CUSTOMIZING-TRANSAKTIONEN im Menübaum zu finden (Abbildung 3.17). Alternativ können

Sie das anwendungsspezifische Customizing über die Transaktion *SARA* aufrufen.

Hier finden Sie die verschiedenen CUSTOMIZING-TRANSAKTIONEN zur Pflege der anwendungsspezifischen Einstellungen zu Residenzzeiten für das ausgewählte Archivierungsobjekt (Abbildung 3.17).

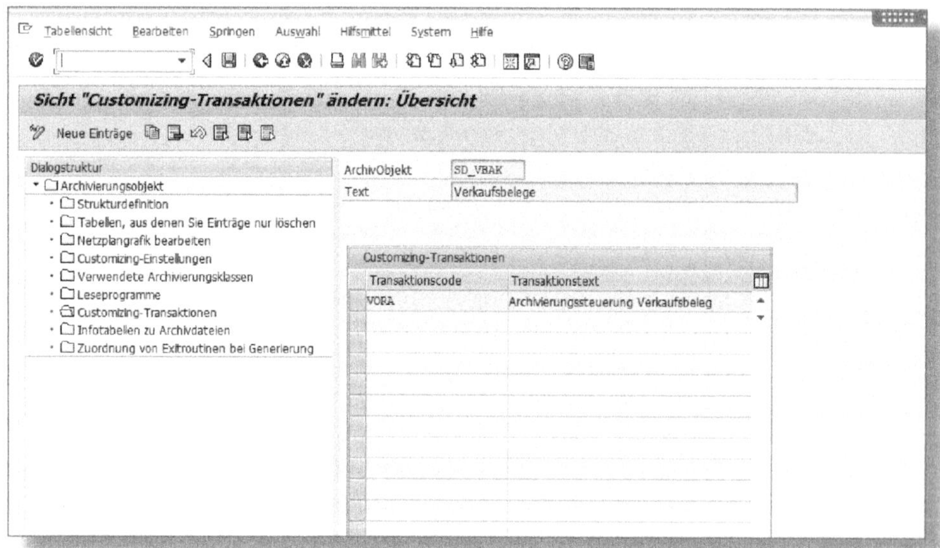

Abbildung 3.17: Transaktion AOBJ – Transaktionen für das anwendungsspezifische Customizing

Die *Residenzzeit* definiert die Zeitspanne, die verstreichen muss, bevor Daten archiviert werden können. Nach Ablauf der angegebenen Residenzzeit werden die Daten unter betriebswirtschaftlicher Sicht auf ihre Archivierbarkeit geprüft. Die Residenzzeit ist nicht für jedes Archivierungsobjekt einstellbar.

Beträgt die Residenzzeit beispielsweise 365 Tage, werden beim Archivierungslauf alle Daten berücksichtigt, die mindestens 365 Tage vor dem aktuellen Datum erfasst wurden. Im Umkehrschluss bleiben alle Daten, die nicht älter sind als 365 Tage, von der Archivierung ausgeschlossen.

Des Weiteren wird beim anwendungsspezifischen Customizing bei einigen Archivierungsobjekten zwischen Residenzzeit 1 und Residenzzeit 2 unterschieden. Im Vorlauf wird Residenzzeit 1 geprüft und, sofern die Daten diese erreicht haben, eine Löschvormerkung gesetzt. Residenzzeit 2 legt fest, welche Zeit vergehen muss, damit die Daten mit einem Löschkennzeichen in Archivdateien umgewandelt werden dürfen. So gibt die Residenzzeit 2 die Zeit zwischen dem Ausführen des Vorlaufs und Schreiblaufs vor. Auf diese Weise können Fachabteilungen in der Praxis beispielsweise prüfen, ob die richtigen Daten mit einem Löschkennzeichen versehen wurden.

Möchten Sie, dass der Schreiblauf direkt nach dem Vorlauf veranlasst wird, ist die Residenzzeit 2 mit 0 zu pflegen.

Die Kriterien der Residenzzeiten variieren je nach Archivierungsobjekt. In Abbildung 3.18 sehen Sie diese für das Archivierungsobjekt SD_VBAK (Verkaufsbelege).

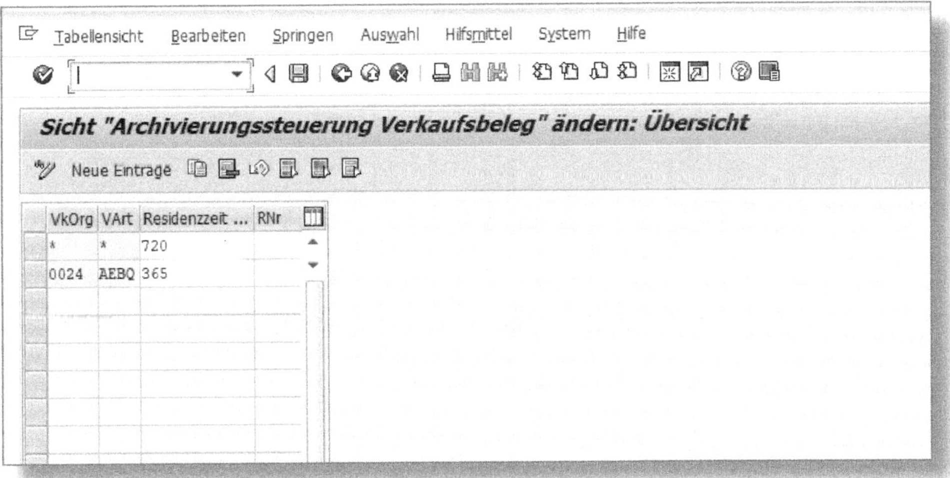

Abbildung 3.18: Anwendungsspezifisches Customizing

Die Residenzzeiten der Verkaufsbelege können nun angelegt und nach der Verkaufsorganisation (VkOrg) und der Verkaufsbelegart (VArt) eingeschränkt werden. Die Residenzzeit wird hier in Tagen eingegeben. Im letzten Feld RNR wird die Formroutine definiert. Diese prüft die Bedingung in den SAP-Standards, z. B. die Angebotsposition, um die fachliche Richtigkeit zu bestätigen, damit eine Archivierung durchgeführt werden kann. In dem Beispiel aus der Abbildung wurde für alle Vorgangsarten in allen Verkaufsorganisationen eine Residenzzeit von *720* Tagen bestimmt. Zudem wurde für die Verkaufsorganisation *0024* mit der Vorgangsart *AEBQ* separat eine Residenzzeit von *365* Tagen gepflegt.

In einigen Archivierungsobjekten ist die Funktion des anwendungsspezifischen Customizings nicht enthalten. Um die Residenzzeiten für Archivierungsläufe in einem solchen Fall zu konfigurieren, muss dies in der Variantenpflege des Schreiblaufs dynamisch bzw. manuell vorgenommen werden.

3.2 Archivierungsaktionen

In diesem Kapitel möchten wir Ihnen die Archivierungsaktionen erläutern. Wir geben Ihnen ein fachliches Verständnis für die elementaren Funktionen in der SAP-Datenarchivierung.

3.2.1 Archivadministration (SARA)

Die wichtigste Transaktion zum Durchführen der Datenarchivierung ist die Transaktion *SARA – Archivadministration: Einstieg*. Sie bietet dem Anwender ein Cockpit, in dem alle für den Archivierungslauf benötigten Aktionen durchgeführt werden können.

SARA ist von elementarer Bedeutung und im Kontext der SAP-Datenarchivierung unverzichtbar. Bevor wir mit dem Archivierungslauf beginnen, möchten wir deshalb einige wichtige Funktionen innerhalb dieser Transaktion aufzeigen und Ihnen Tipps geben, wie Sie mit ihr arbeiten.

Um in die Archivadministration zu gelangen, tippen Sie in die Transaktionsleiste *SARA* ein und bestätigen mit der `Enter`-Taste. Über die

Transaktion *SARA* gelangen Sie im ersten Schritt auf die Einstiegsseite der Archivadministration. Mit Aufruf der Transaktion wird Ihnen, sofern Sie kein Archivierungsobjekt eingegeben haben, die Maske aus Abbildung 3.19 präsentiert.

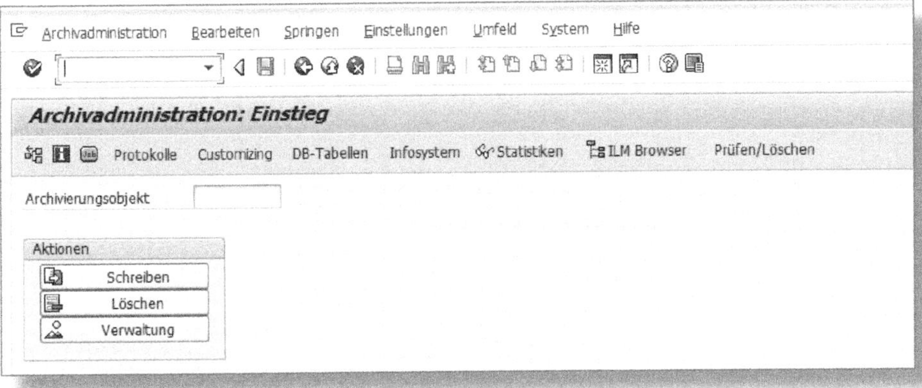

Abbildung 3.19: Transaktion SARA – Einstieg

Klassische Funktionen der Archivadministration

Sie sehen im Einstiegsbild die drei klassischen Aktionen, die für jedes im SAP-System existierende Archivierungsobjekt vorhanden sind:

- Schreiben
- Löschen
- Verwaltung

Schreiben

Beim Schreiblauf werden die Daten geschrieben, die archiviert werden sollen. So generieren Sie eine Archivdatei. Daten können technisch erst archiviert werden, wenn sie vorher geschrieben bzw. definiert und gesichert wurden. Im ersten Schritt lassen sich mit der Aktion Schreiben verschiedene Selektionen bestimmen, um die Auswahl der zu archivierenden Daten einzuschränken.

Die Selektion wird als *Variante* bezeichnet. Damit Daten separiert und ausgewählt werden können, gibt es die Variantenpflege. Die Variantenpflege im Schreiblauf variiert je nach Archivierungsobjekt. Möchten Sie beispielsweise Finanzbuchhaltungsbelege mit dem Archivierungsobjekt FI_DOCUMNT archivieren, schränken Sie Ihre Daten anhand der Buchungskreise und der zeitlichen Eigenschaften ein. Die Selektion in der Variantenpflege vereinfacht die Unterteilung der Datenmengen.

Löschen

Der Löschlauf ist für einen Archivierungslauf zwingend erforderlich. In der Transaktion *SARA* wird er mit der Aktion LÖSCHEN bedient. Er entfernt die in die Archivdateien geschriebenen Datensätze aus den Tabellen der Datenbank. Die Voraussetzung hierfür ist die Erstellung der Archivdatei durch den Schreiblauf. Sollte der Löschlauf nicht durchgeführt werden, ist die Archivierung unvollständig.

Verwaltung

Die Funktion VERWALTUNG ist ebenfalls für jedes Archivierungsobjekt verfügbar. Damit können Sie die Informationen zu Archivierungsläufen und erstellten Archivdateien einsehen.

Anhand der Informationen können Sie feststellen, ob ein Archivierungslauf vollständig ist bzw., sollte keine Vollständigkeit gegeben sein, welche Läufe durchgeführt wurden und welche Dateien vorhanden sind. Dies ermöglicht Ihnen, die Ursache der Fehler und Unvollständigkeit für einzelne Läufe einzugrenzen bzw. zu erkennen, in welchem Lauf keine korrekte Archivdatei erstellt oder keine Löschung vorgenommen wurde (Abbildung 3.20).

Klicken Sie auf einen Archivierungslauf, um alle Archivdateien zu diesem Lauf zur Anzeige aufzuklappen. Nach einem Doppelklick auf eine Archivdatei oder Auswahl eines Laufs und Klick auf erscheinen die Details zur Archivdatei. In Abbildung 3.21 sehen Sie diese Detailansicht.

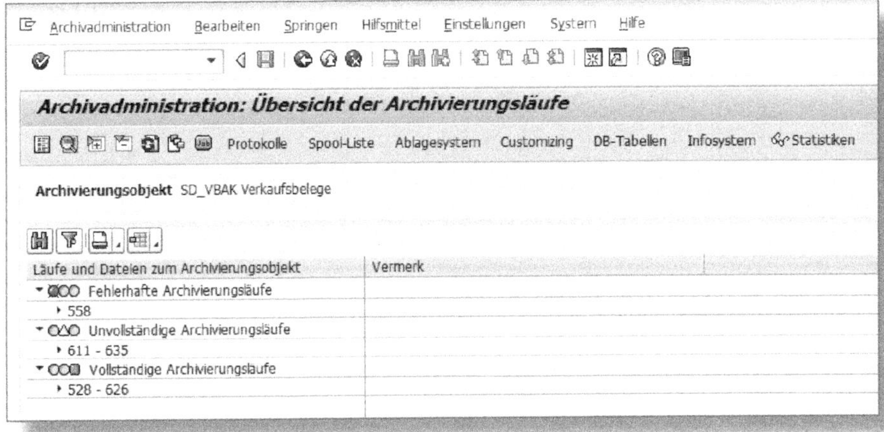

Abbildung 3.20: Transaktion SARA – Verwaltung der Archivierungsläufe

Archivadministration: Übersicht der Archivierungsläufe
Protokolle Spool-Liste Ablagesystem Customizing DB-Tabellen Infosystem Statistiken
Archivierungsobjekt SD_VBAK Verkaufsbelege
/100 Archivadministration: Details zur Archivdatei

Archivdatei	000650-001SD_VBAK
Datum	25.01.2023
Uhrzeit	11:43:22
Objektanzahl	1
Größe in MB	0,098
Status	Löschen fertig
Ablage	abgelegt
Abgelegt über	ArchiveLink

Aktuelle Jobs zur Datei

Löschen	ARV_SD_VBAK_DEL20230125114429	Job anzeigen
Ablegen	ARV_SD_VBAK_STO20230129003824	Job anzeigen

Änderbare Einstellungen
Vermerk zur Datei
Dateiname
Logischer Pfad
Physischer Dateiname
Archivdatei ist über ArchiveLink zugreifbar

Abbildung 3.21: Archivdatei – Details

Der STATUS zeigt an, dass der Schreiblauf bereits erfolgt ist. Die Ablage hat stattgefunden, auf die Archivdatei kann zugegriffen werden. Sobald der Löschlauf ebenfalls erfolgreich durchgeführt wurde, wird der Status des Archivierungslaufs als vollständig angezeigt und mit dem grünen Kreis kenntlich gemacht.

Ein Archivierungslauf kann in der Verwaltung drei Zustände annehmen (Abbildung 3.22).

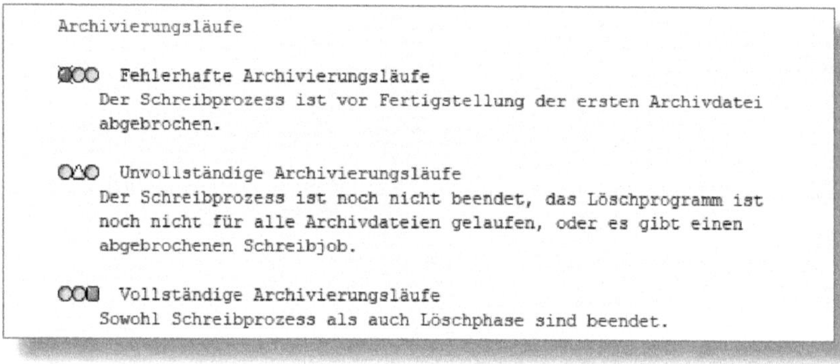

Archivierungsläufe

Fehlerhafte Archivierungsläufe
Der Schreibprozess ist vor Fertigstellung der ersten Archivdatei abgebrochen.

Unvollständige Archivierungsläufe
Der Schreibprozess ist noch nicht beendet, das Löschprogramm ist noch nicht für alle Archivdateien gelaufen, oder es gibt einen abgebrochenen Schreibjob.

Vollständige Archivierungsläufe
Sowohl Schreibprozess als auch Löschphase sind beendet.

Abbildung 3.22: Status der Archivierungsläufe

- FEHLERHAFTE ARCHIVIERUNGSLÄUFE treten auf, wenn ein Schreiblauf nicht vollständig durchgeführt und eine entsprechende Archivdatei nicht erstellt werden konnte.
- Bei einem UNVOLLSTÄNDIGEN ARCHIVIERUNGSLAUF handelt es sich um einen Zustand, der bei noch laufenden Schreibprozessen und Löschprozessen auftritt. Auch ein abgebrochener Schreiblauf kann die Ursache für diese Anzeige sein.
- Sofern Schreib- und Löschlauf erfolgreich durchgeführt wurden, wird ein VOLLSTÄNDIGER ARCHIVIERUNGSLAUF ausgegeben.

Die Archivierungsläufe werden zu Zuordnungszwecken mit dem Datum, dem zugehörigen Archivierungsobjekt und dem in der Variante gegebenen Vermerk gekennzeichnet.

Wählen Sie einen Archivierungslauf an, und klicken Sie auf den Button Ablagesystem. Im Menü öffnet sich das Fenster ARCHIVADMINISTRATION: DATEIEN ABLEGEN/BEREITSTELLEN (Abbildung 3.23).

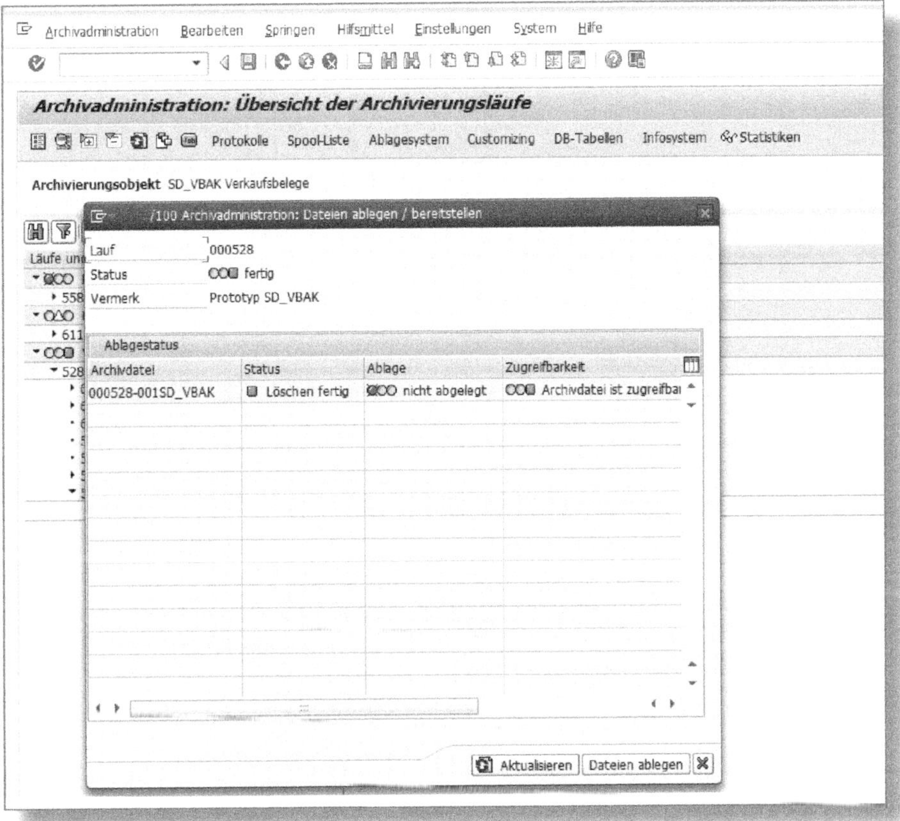

Abbildung 3.23: Dateien ablegen/bereitstellen in der Verwaltung

In diesem Fenster können Sie die Archivdatei ablegen oder den Status des Laufs sowie der Ablage einsehen.

Sie können die wichtigsten Informationen zu Ihrer Variantenpflege einsehen, indem Sie einen Lauf per Rechtsklick auswählen und dann die Auswahl BENUTZEREINGABEN klicken, um Ihre Selektion aufrufen (Abbildung 3.24).

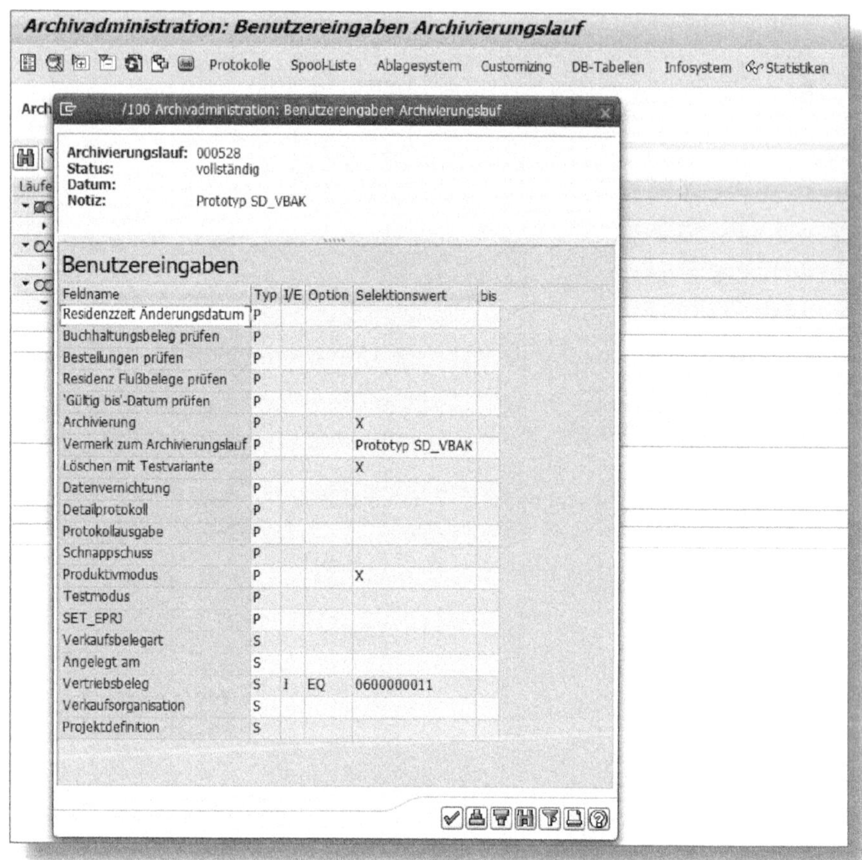

Abbildung 3.24: Benutzereingaben im Archivierungslauf

Neben den angesprochenen Aktionen in der Archivadministration gibt es im Reiter der Kopfzeile weitere Instrumente zur Nutzung für die Datenarchivierung. Diese Funktionen sind ebenfalls Standard der Transaktion *SARA* und unabhängig von Archivierungsobjekten. Wir machen Sie im Folgenden mit den wichtigsten vertraut.

Netzgrafik

Der erste Button, *Netzgrafik* , wurde bereits in Abschnitt 2.2.2 ausführlich erklärt. gibt Informationen in den SAP-Dokumentationen über die aktuelle Transaktion wieder, in der Sie sich befinden.

Jobübersicht

Das letzte Symbol ohne Text (JOB) zeigt die Liste aller ausgeführten *Jobs* an (Abbildung 3.25).

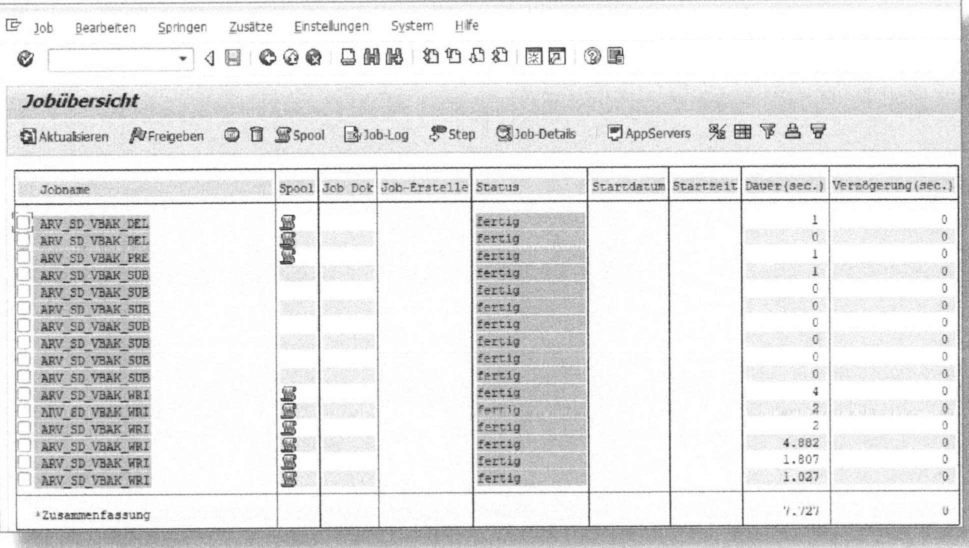

Jobname	Spool	Job Dok	Job-Erstelle	Status	Startdatum	Startzeit	Dauer(sec.)	Verzögerung(sec.)
ARV_SD_VBAK_DEL				fertig			1	0
ARV_SD_VBAK_DEL				fertig			0	0
ARV_SD_VBAK_PRE				fertig			1	0
ARV_SD_VBAK_SUB				fertig			1	0
ARV_SD_VBAK_SUB				fertig			0	0
ARV_SD_VBAK_SUB				fertig			0	0
ARV_SD_VBAK_SUB				fertig			0	0
ARV_SD_VBAK_SUB				fertig			0	0
ARV_SD_VBAK_SUB				fertig			0	0
ARV_SD_VBAK_SUB				fertig			0	0
ARV_SD_VBAK_WRI				fertig			4	0
ARV_SD_VBAK_WRI				fertig			2	0
ARV_SD_VBAK_WRI				fertig			2	0
ARV_SD_VBAK_WRI				fertig			4.882	0
ARV_SD_VBAK_WRI				fertig			1.807	0
ARV_SD_VBAK_WRI				fertig			1.027	0
*Zusammenfassung							7.727	0

Abbildung 3.25: Jobübersicht

Die Jobliste führt alle Jobs für das in *SARA* ausgewählte Archivierungsobjekt auf. Die Joblisten geben Auskunft über den JOBNAMEN, den Nutzernamen des JOB-ERSTELLERS, den STATUS des Jobs, über das STARTDATUM sowie die STARTZEIT, die DAUER und die VERZÖGERUNG. Zusätzlich wird eine SPOOLliste ausgegeben, die detailierte Informationen zum Job dokumentiert; so führt sie unter anderem auf, wie groß der Archivierlungslauf in Megabyte ist und wie viele Datensätze beispielsweise in einem Schreiblauf in eine Archivdatei geschrieben wurden.

Protokolle

Wenn Sie den Button Protokolle drücken, erhalten Sie eine Übersicht über alle Protokolle der ausgeführten Jobs für das in *SARA* ausgewählte Archivierungsobjekt. In der Liste sind die Protokolle nach der Art der Läufe sortiert. Zusätzlich werden Datum, Uhrzeit, ausführender Nutzer, Ablaufsteuerung sowie Nummer des Laufs beschrieben.

Über die Protokolle können Sie mit den Buttons im Reiter zur Jobübersicht, zum Job-Log und zur Spoolliste des ausgewählten Laufs springen. In der Zusammenfassungsansicht wird das Ergebnis des Laufs im Feld TYP angegeben (Abbildung 3.26).

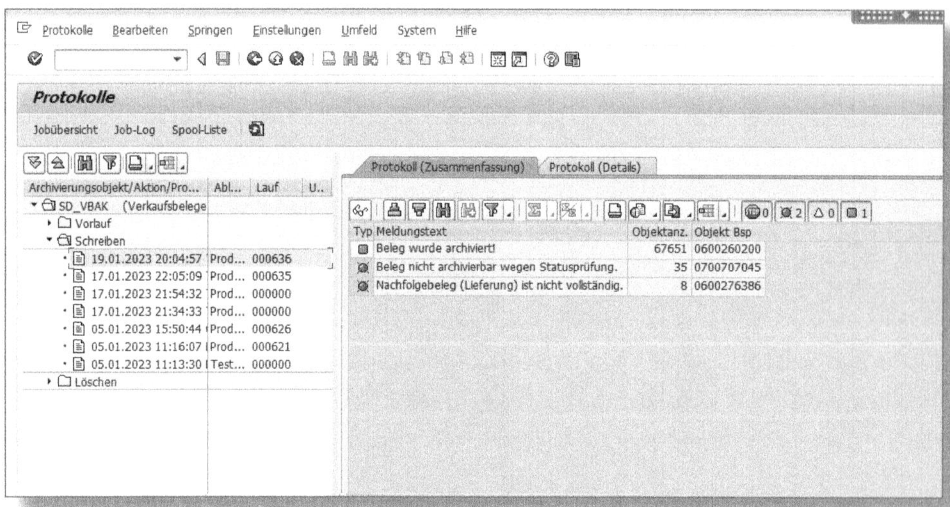

Abbildung 3.26: Protokolle – Zusammenfassung

Die Spalte MELDUNGSTEXT enthält eine Kurznachricht zum Ergebnis und begründet die Ausgabe des Ergebnisses. Die Spalte OBJEKTANZ. gibt die Anzahl der Objekte und die letzte Spalte OBJEKT BSP. ein Beispielobjekt an.

Der Reiter PROTOKOLL (DETAILS) separiert die Belege bzw. Objekte und zeigt damit die Übersicht aller einzelnen Datensätze (Abbildung 3.27).

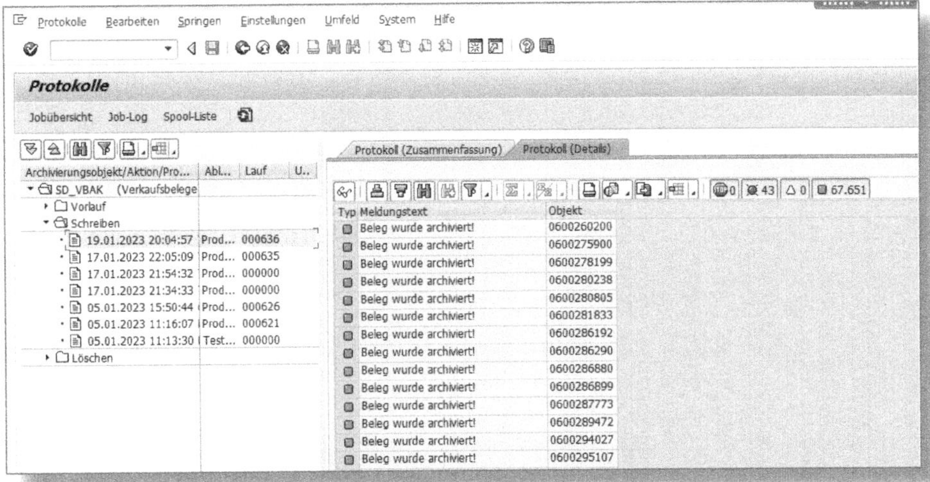

Abbildung 3.27: Protokoll – Details

Wie bei dem Reiter PROTOKOLL (ZUSAMMENFASSUNG) sehen Sie die Information zu einzelnen Belegen mit einem Meldungstext und der Objektnummer. Allerdings fehlen hier Beispiele, da es sich nicht mehr um die Zusammenfassung der Objekte handelt, sondern um sämtliche Einzelbelege.

Customizing

Das Customizing haben wir bereits in den Abschnitten 3.1.4 und 3.1.5 behandelt. Wie wir Ihnen bereits dort erläutert haben, ist ein Absprung auf das Customizing alternativ über die Transaktion *SARA* möglich. Mit einem Klick auf den Button Customizing in der Kopfzeile werden die verschiedenen Customizings angezeigt, die für das ausgewählte Archivierungsobjekt verfügbar sind (Abbildung 3.28).

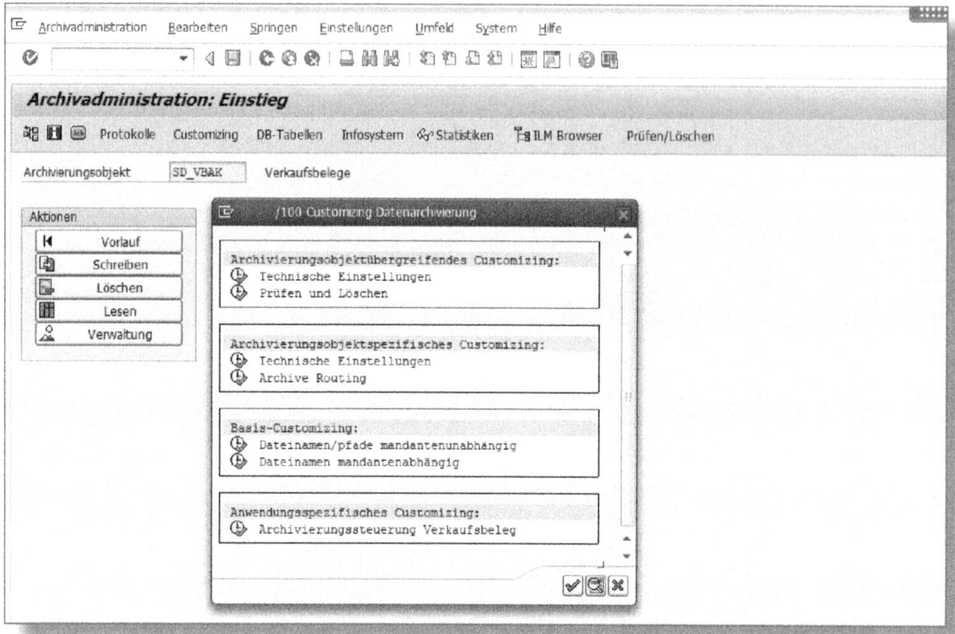

Abbildung 3.28: Transaktion SARA – Absprung ins Customizing

Die Inhalte der Selektionsmaske im archivierungsobjektspezifischen Customizing sind in der Transaktion *SARA* analog zum Aufruf über die Transaktion *AOBJ* (Abbildung 3.29).

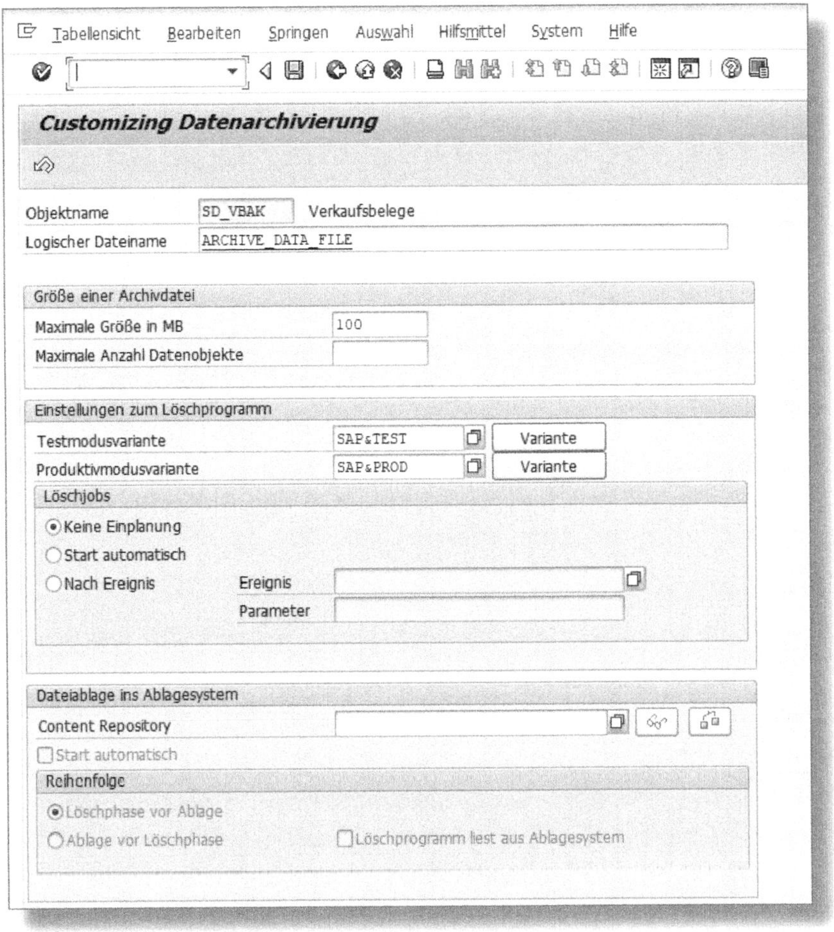

Abbildung 3.29: Absprung in das archivierungsobjektspezifische Customizing

Die Pflege der Residenzzeiten müssen Sie im anwendungsspezifischen Customizing vornehmen, sofern dies für das jeweilige Archivierungsobjekt verfügbar ist. Mit dem Öffnen des anwendungsspezifischen Customizings gelangen Sie direkt in die Maske zum Pflegen der Residenzzeiten (Abbildung 3.30).

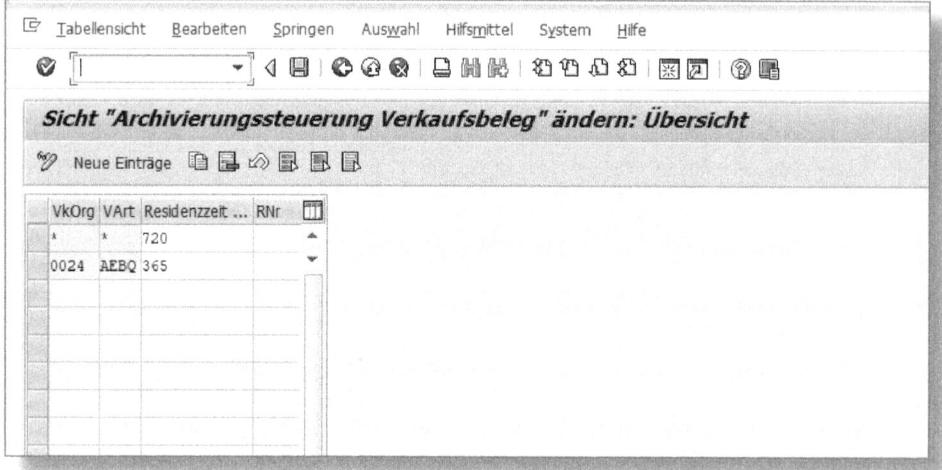

Abbildung 3.30: Absprung in das anwendungsspezifische Customizing – Pflege der Residenzzeiten

Das Basis-Customizing haben wir in Abschnitt 3.1.1 erklärt. Mit Auswahl der Punkte DATEINAMEN/PFADE MANDANTENUNABHÄNGIG und DATEINAMEN MANDANTENABHÄNGIG in Abbildung 3.28 gelangen Sie in die Transaktion *FILE*. Wählen Sie den Punkt DATEINAME/PFADE MANDANTENUNABHÄNGIG aus, wird Ihnen die Sicht DEFINITION VON LOGISCHEN DATEIPFADEN ÄNDERN: ÜBERSICHT angezeigt (Abbildung 3.31).

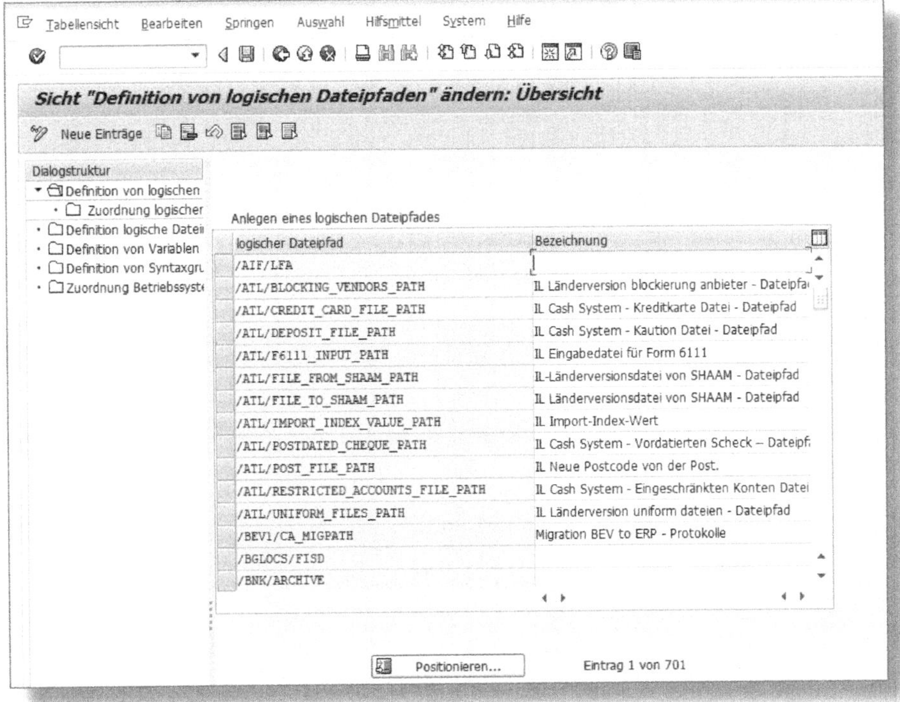

Abbildung 3.31: Absprung in die Transaktion FILE

Auf die Sicht LOGISCHE DATEINAMEN, MANDANTENABHÄNGIG ÄNDERN: ÜBERSICHT gelangen Sie, wenn Sie unter dem Basis-Customizing den Punkt DATEINAMEN MANDANTENABHÄNGIG wählen.

Letzteres haben wir noch nicht behandelt. Über unter dem Punkt ARCHIVIERUNGSOBJEKTÜBERGREIFENDES CUSTOMIZING • TECHNISCHE EINSTELLUNGEN lassen sich verschiedene Kriterien einstellen. In Abbildung 3.32 sehen Sie die Selektionskriterien. Sie können die Einstellungen für das archivierungsobjektübergreifende Customizing mit den Standardeinstellungen übernehmen.

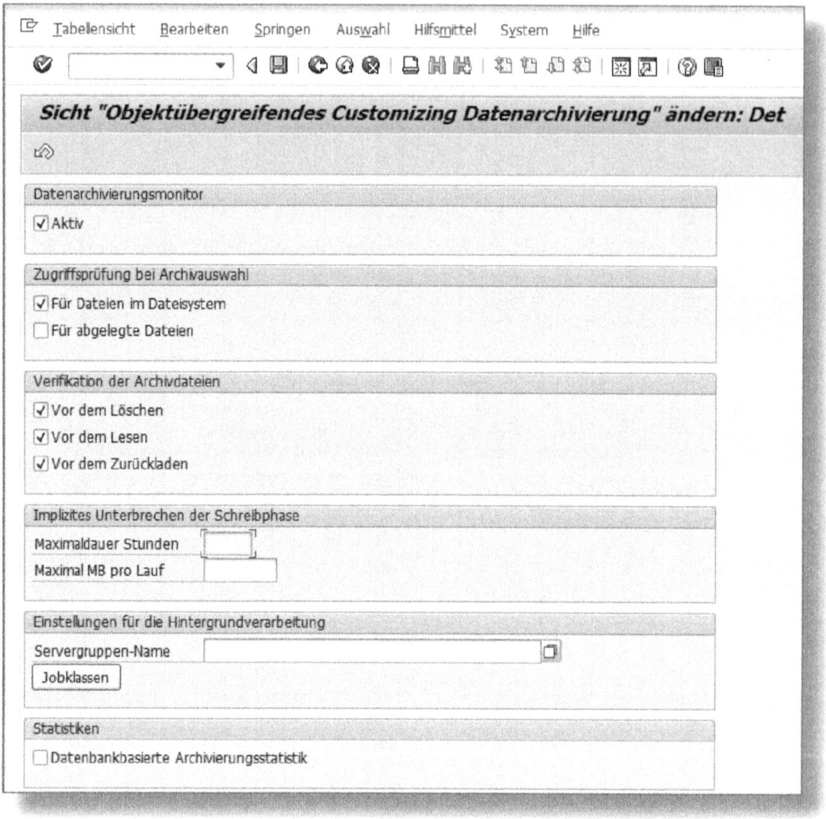

Tabellensicht Bearbeiten Springen Auswahl Hilfsmittel System Hilfe

Sicht "Objektübergreifendes Customizing Datenarchivierung" ändern: Det

Datenarchivierungsmonitor
- [x] Aktiv

Zugriffsprüfung bei Archivauswahl
- [x] Für Dateien im Dateisystem
- [ ] Für abgelegte Dateien

Verifikation der Archivdateien
- [x] Vor dem Löschen
- [x] Vor dem Lesen
- [x] Vor dem Zurückladen

Implizites Unterbrechen der Schreibphase
Maximaldauer Stunden
Maximal MB pro Lauf

Einstellungen für die Hintergrundverarbeitung
Servergruppen-Name
Jobklassen

Statistiken
- [ ] Datenbankbasierte Archivierungsstatistik

Abbildung 3.32: Archivierungsobjektübergreifendes Customizing

Hier könnte beispielsweise eingeschränkt werden, dass eine maximale Schreibdauer in Stunden berücksichtigt wird und Schreibläufe, die diese Dauer überschreiten, unterbrochen werden.

DB-Tabellen

Die Funktion *DB-Tabellen* ist ein Absprung in die Transaktion *DB15*, die in Abschnitt 2.2.2 erklärt wurde. Wir möchten Ihnen nochmals exemplarisch die Verwendung der Transaktion über die Archivadministration zeigen.

Geben Sie als Archivierungsobjekt in der Transaktion *SARA SD_VBAK* ein, und klicken Sie sodann den Button DB-Tabellen an. Damit gelangen Sie direkt zur Transaktion *DB15*. Das Archivierungsobjekt SD_VBAK wurde übernommen, die Tabellen hierzu werden Ihnen angezeigt (Abbildung 3.33).

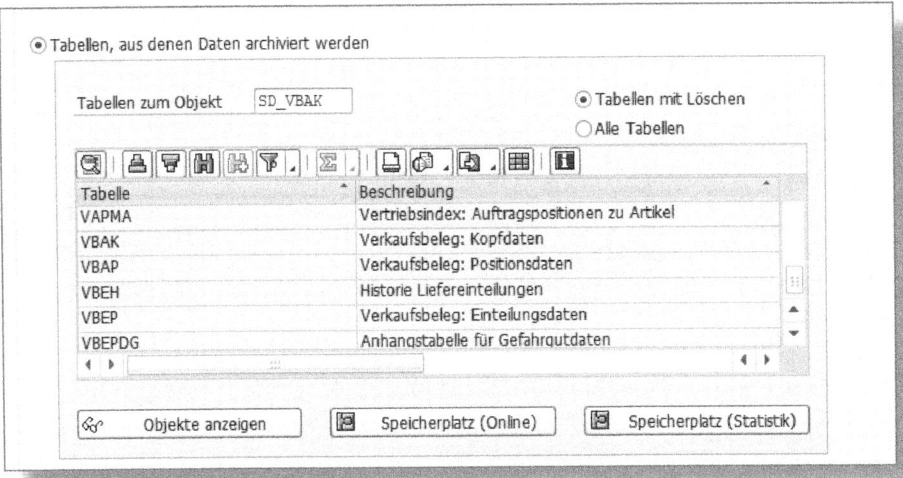

Abbildung 3.33: Absprung in die Transaktion DB15

Infosystem

Das Archivinformationssystem (AS) ist ein unverzichtbarer Bestandteil der SAP-Datenarchivierung. Mit dem Customizing des Infosystems bauen Sie die Brücke zwischen der SAP-Datenbank und dem Archiv. Der Einstieg in das Archivinformationssystem und dessen zentrale Verwaltung erfolgen über den Button Infosystem . Alternativ können Sie hierzu den Transaktionscode *SARI* nutzen (Abbildung 3.34).

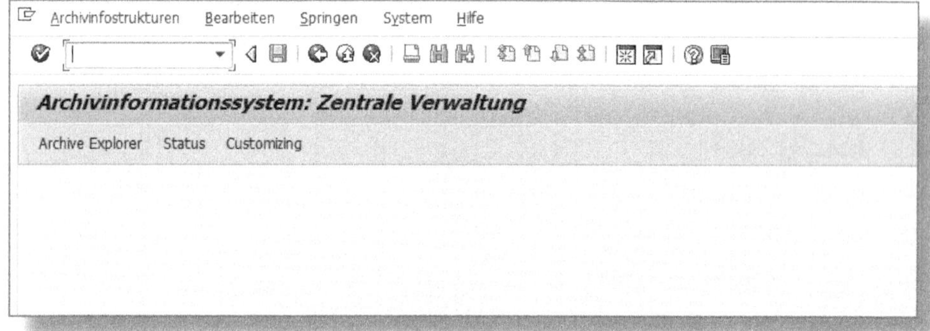

Abbildung 3.34: Absprung in die Transaktion SARI

Von hier aus gelangen Sie in den ARCHIVE EXPLORER (Transaktion *SARE*), in den Menüpunkt STATUS oder in das CUSTOMIZING (Transaktion *SARJ*).

Die Funktionen und die Bedienung des Archivinformationssystems zeigen wir Ihnen im Einzelnen in Abschnitt 3.3, der sich mit den Zugriffsoptionen auf archivierte Daten befasst.

Statistiken

Bei verschiedenen Archivierungsvorgängen werden automatisch statistische Daten erfasst und in der Datenbank gespeichert. Diese umfassen Informationen wie den freigewordenen Speicherplatz in der Datenbank oder die Anzahl der gelöschten Datensätze.

Der Datenarchivierungsadministrator kann diese Daten auswerten und so die zukünftige Planung von Archivierungsprojekten vereinfachen. Zudem geben diese Statistiken wertvolle Informationen darüber, wie effektiv die Datenarchivierung dazu beiträgt, das Datenvolumen in der Datenbank zu reduzieren. Das Sammeln von Statistikdaten während des Archivierungsprozesses, wie z. B. beim Schreiben, Löschen, Rückladen und Lesen, übernimmt das Archive Development Kit (ADK). In anderen Archivierungskontexten, wie bei der Ausführung von Vorlauf- oder Nachlaufprogrammen, werden keine Statistikdaten erfasst.

Die Analyse der gesammelten Statistiken kann über verschiedene Wege erfolgen. Zum Beispiel lassen sie sich direkt aus dem Einstiegsbild der Archivadministration (Transaktion *SARA*) über die Drucktaste STATISTIKEN aufrufen (Abbildung 3.35).

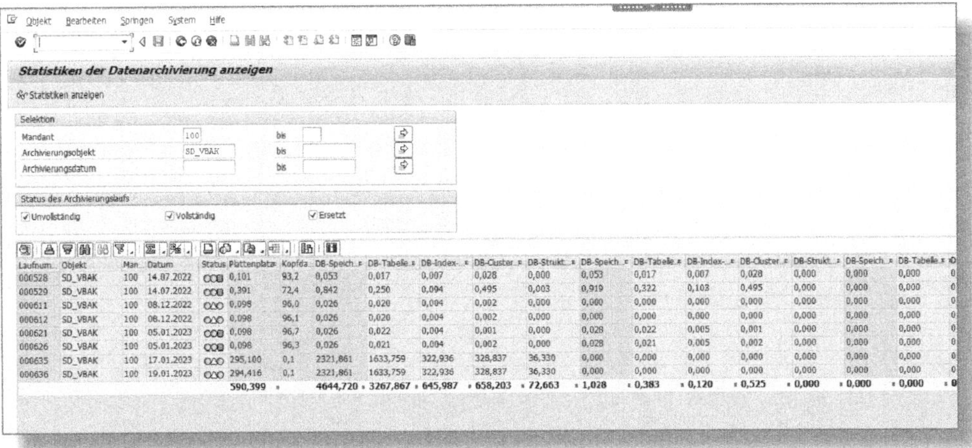

Laufnum...	Objekt	Man...	Datum	Status	Plattenplatz	Kopfda...	DB-Speich...	DB-Tabelle	DB-Index-...	DB-Cluster...	DB-Strukt...	DB-Speich...	DB-Tabelle	DB-Index-...	DB-Cluster...	DB-Strukt...	DB-Speich...	DB-Tabelle
000528	SD_VBAK	100	14.07.2022		0,101	93,2	0,053	0,017	0,007	0,028	0,000	0,053	0,017	0,007	0,028	0,000	0,000	0,000
000529	SD_VBAK	100	14.07.2022		0,391	72,4	0,842	0,250	0,094	0,495	0,003	0,919	0,322	0,103	0,495	0,000	0,000	0,000
000611	SD_VBAK	100	08.12.2022		0,098	96,0	0,026	0,020	0,004	0,002	0,000	0,000	0,000	0,000	0,000	0,000	0,000	0,000
000612	SD_VBAK	100	08.12.2022		0,098	96,1	0,026	0,020	0,004	0,002	0,000	0,000	0,000	0,000	0,000	0,000	0,000	0,000
000621	SD_VBAK	100	05.01.2023		0,098	96,7	0,026	0,022	0,004	0,001	0,000	0,028	0,022	0,005	0,001	0,000	0,000	0,000
000626	SD_VBAK	100	05.01.2023		0,098	96,3	0,026	0,021	0,004	0,002	0,000	0,028	0,021	0,005	0,002	0,000	0,000	0,000
000635	SD_VBAK	100	17.01.2023		295,100	0,1	2321,861	1633,759	322,936	328,837	36,330	0,000	0,000	0,000	0,000	0,000	0,000	0,000
000636	SD_VBAK	100	19.01.2023		294,416	0,1	2321,861	1633,759	322,936	328,837	36,330	0,000	0,000	0,000	0,000	0,000	0,000	0,000
					590,399		4644,720	3267,867	645,987	658,203	72,663	1,028	0,383	0,120	0,525	0,000	0,000	0,000

Abbildung 3.35: Transaktion SARA – Statistiken

3.2.2 Vorlauf

Das *Vorlaufprogramm* der Transaktion *SARA* ist nicht Bestandteil aller Archivierungsobjekte. Es bereitet die selektierten Daten für den Schreiblauf der SAP-Datenarchivierung vor. Beispielsweise werden dabei die in der Variante des Vorlaufs selektierten Daten auf ihre Archivierbarkeit geprüft. Zu diesen Kriterien gehören häufig das Erreichen der Residenzzeit und eine Statusprüfung der offenen Posten. Des Weiteren wird untersucht, ob die betriebswirtschaftlichen Prozesse der betroffenen Daten abgeschlossen sind.

Wenn die Archivierbarkeit von Daten gegeben ist, setzt der Vorlauf bei den meisten Archivierungsobjekten eine Löschvormerkung bzw. ein Löschkennzeichen. Im Schreiblauf werden diese Daten dann bei den weiteren Prozessen der SAP-Datenarchivierung berücksichtigt.

Die Selektionskriterien des Vorlaufs ähneln den Selektionsmöglichkeiten des Schreiblaufs. Abbildung 3.36 stellt die Selektionsmaske des Archivierungsobjekts SD_VBAK dar.

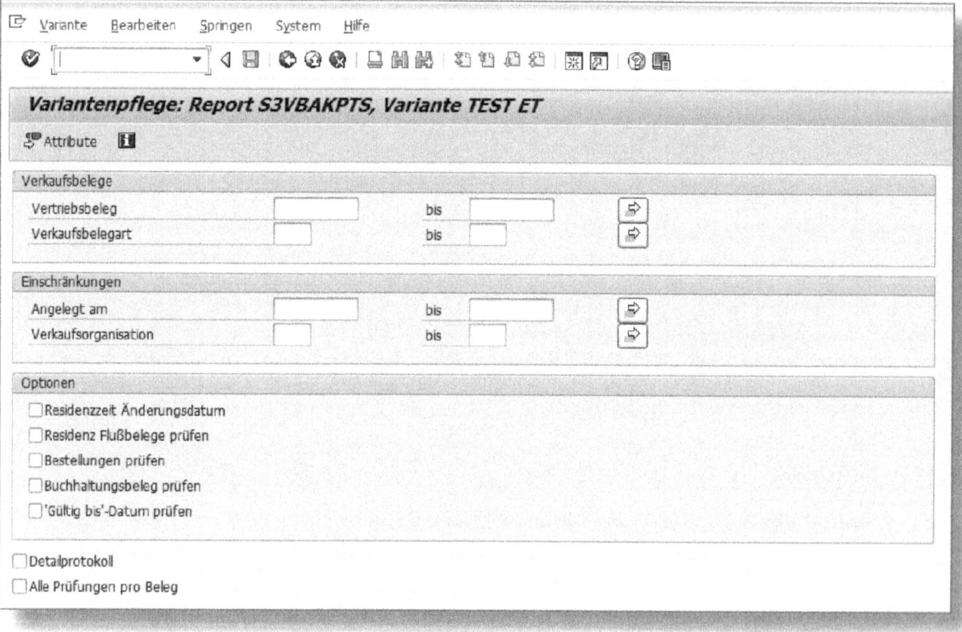

Abbildung 3.36: Variante im Vorlauf

Die VARIANTENPFLEGE kann Daten nach VERTRIEBSBELEG und VERKAUFSBELEGART selektieren. Zusätzlich stehen das Anlagedatum (ANGELEGT AM) und die VERKAUFSORGANISATION für eine nähere Eingrenzung zur Verfügung. Weiterhin können verschiedene Optionen zur Prüfung bei der Selektion gewählt werden.

3.2.3 Schreiblauf

In Abschnitt 3.2.1 haben Sie bereits erste Einblicke in die Aktion »Schreiben« erhalten. Wir möchten Ihnen den Schreiblauf an dieser Stelle nochmals näherbringen.

Zur Demonstration des Schreiblaufs nutzen wir in Abbildung 3.37 erneut das Beispielarchivierungsobjekt SD_VBAK, mit dessen Hilfe Verkaufsbelege archiviert werden.

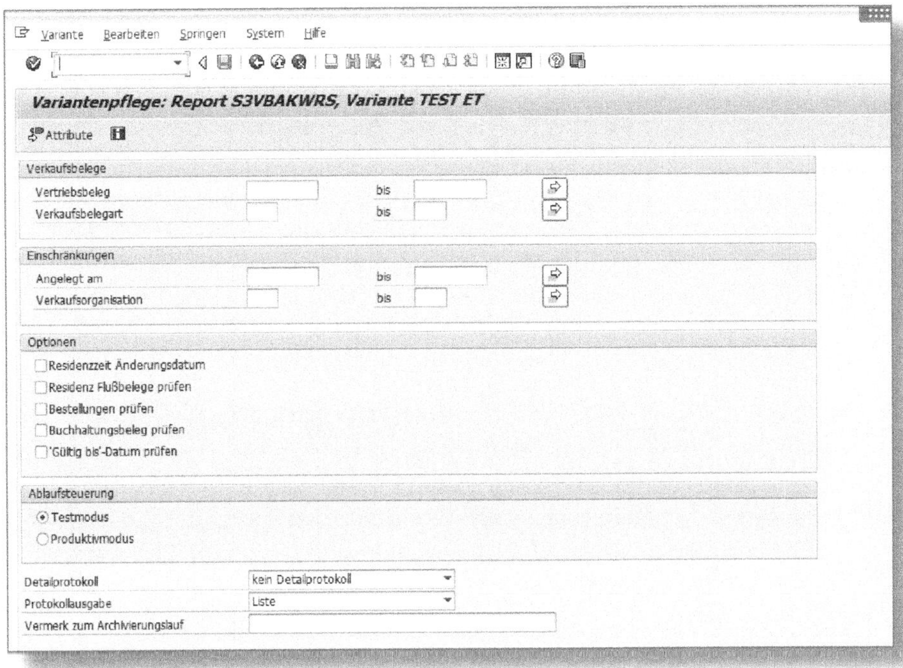

Abbildung 3.37: Variante im Schreiblauf

In Abschnitt 3.5 werden Sie detailliert erfahren, wie Sie in die Maske der Variante des Schreiblaufs gelangen.

Erstellen von Varianten pro Job

Um sicherzustellen, dass Daten nicht mehrfach archiviert werden, sollten Sie immer nur eine Variante pro Job verwenden. Falls Sie versuchen, eine bereits verwendete erneut einzusetzen, werden Sie durch ein Dialogfenster gewarnt. Es wird Ihnen dann die Möglichkeit geboten, auf eine Übersicht aller Jobs zuzugreifen, die die gewählte Variante enthalten. In dieser Übersicht können Sie außerdem Jobs löschen, welche die Variante zum Einsatz bringen.

Wie Sie unschwer erkennen, sind im Schreiblauf des Archivierungsobjekts SD_VBAK dieselben Selektionskriterien vorhanden wie im Vorlauf. Der Unterschied liegt im unteren Teil: der ABLAUFSTEUERUNG. Dort bestimmen Sie, ob Ihr Schreiblauf in einem Test- oder Produktivmodus ausgeführt werden soll. Zudem ergänzen Sie für den Schreiblauf Selektionen für die Ausgabe des DETAILPROTOKOLLS sowie der PROTOKOLLAUSGABE und können einen VERMERK ZUM ARCHIVIERUNGSLAUF machen.

Wir empfehlen, einen Vermerk zu pflegen, damit Ihnen die Zuordnung des Schreiblaufs später leichter fällt. Beispielsweise könnten Sie angeben, dass Sie für den Schreiblauf des Archivierungsobjekts SD_VBAK alle Belege unter SD_VBAK aus dem Jahr 2022 selektiert haben. Ihr Vermerk könnte sodann *SD_VBAK Geschäftsjahr 2022* heißen. Sie sehen ihn in der Verwaltung, wenn Sie eine Archivdatei auswählen.

Testlauf vor Produktivmodus

Wir empfehlen, im Schreiblauf immer zuerst einen Testlauf zu starten. Bevor Sie einen Schreibjob im Produktivmodus ausführen, sollten Sie sicherstellen, dass Ihr gewünschtes Ergebnis im Testlauf erreicht werden konnte.

3.2.4 Löschlauf

Als nächster Schritt des Archivierungsprozesses erfolgt der Löschlauf. Das Löschen setzt voraus, dass die Archivdatei geschrieben wurde. Der Löschlauf entfernt die im Schreiblauf geschriebenen Daten aus der Datenbank. Es besteht die Möglichkeit, den Löschvorgang parallel zum Schreiblauf weiterer Archivdateien durchzuführen. Sie können im archivierungsobjektspezifischen Customizing einstellen, dass der Löschjob automatisch nach dem Ende des Schreiblaufs veranlasst wird. Falls Sie die Archivdateien vor dem Löschen noch prüfen möchten, können Sie den Löschlauf dort auch manuell planen.

Customizing für Löschläufe

Erfolgt das Löschen nach Ablage der Archivdateien, wird die Archivdatei vorher mit den Daten aus dem Ablagesystem abgeglichen und erst im Anschluss gelöscht, sofern Sie den Haken im Feld »Löschprogramm liest aus dem Ablagesystem« des archivierungsobjektspezifischen Customizings gesetzt haben. Dadurch können Sie nochmals sicherstellen, dass nur bereits archivierte und abgelegte Daten aus Ihrer Datenbank entfernt werden.

Um einen Löschjob zu starten, begeben Sie sich in die Archivadministration und wählen die Aktion LÖSCHEN aus. Ihnen wird die Maske aus Abbildung 3.38 angezeigt.

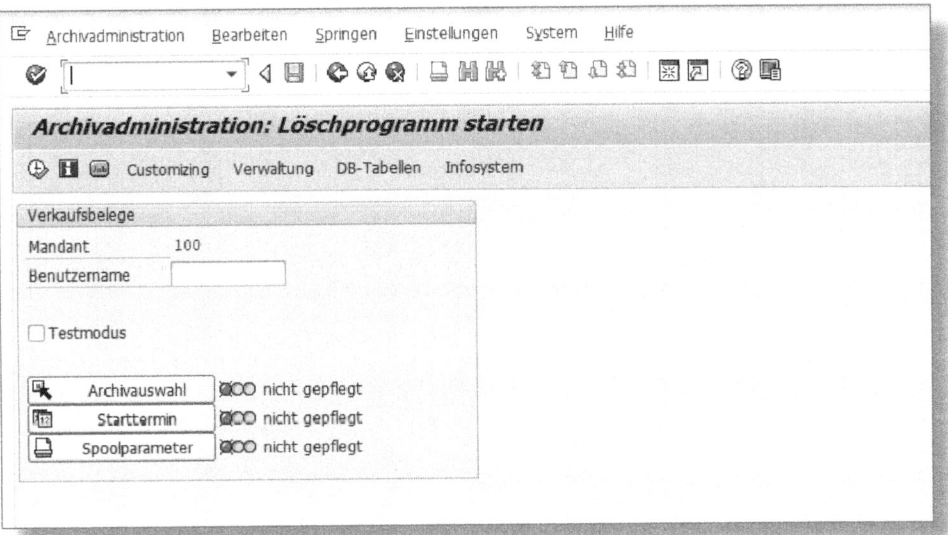

Abbildung 3.38: Archivadministration im Löschlauf

Nun müssen Sie entscheiden, ob der Löschlauf im Produktiv- oder Testmodus ausgeführt werden soll. Wir empfehlen Ihnen, vor dem Produktivlauf immer einen Testlauf durchzuführen.

Zudem müssen Sie die obligatorischen Einstellungen für die ARCHIVAUSWAHL, den STARTTERMIN sowie für die SPOOLPARAMETER pflegen. Um zu bestimmen, welche geschriebenen Archivdateien gelöscht werden sollen, klicken Sie auf den Button Archivauswahl. Sie bekommen nun die zur Verfügung stehenden Archivdateien angezeigt – nämlich jene, die für Ihr ausgewähltes und eingegebenes Archivierungsobjekt verfügbar sind. In unserem Beispiel wurden zwei Schreibläufe für das Archivierungsobjekt SD_VBAK durchgeführt, weshalb Ihnen entsprechend zwei Archivierungsläufe angezeigt werden (Abbildung 3.39).

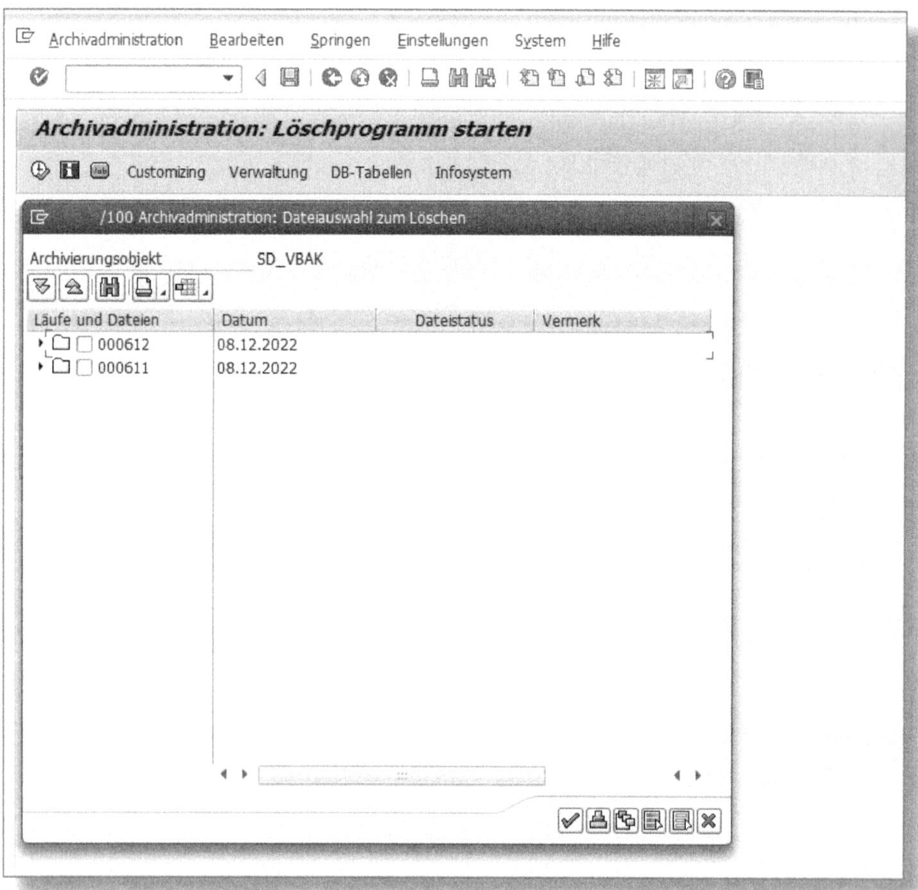

Abbildung 3.39: Archivauswahl beim Löschlauf

Wählen Sie die Dateien, die Sie aus Ihrer Datenbank entfernen möchten, und bestätigen Sie mit einem Klick auf den Button ✅.

Nachdem Sie den Starttermin, die Spoolparameter und die Auswahl der Archivdatei gepflegt haben, können Sie den Job ausführen.

Mit einem Klick auf den Button [Job] lassen sich der Löschlauf sowie der Status und die Spoolliste einsehen und verfolgen.

3.2.5 Ablagesystem

Wir haben Ihnen die verschiedenen Ablageoptionen bereits in Abschnitt 1.3.2 erläutert. Hinter dem *Ablagesystem* in der Archivadministration verbergen sich drei Funktionen. Die einschlägigen Möglichkeiten werden Ihnen nach der Auswahl des Buttons [Ablagesystem] angezeigt (Abbildung 3.40).

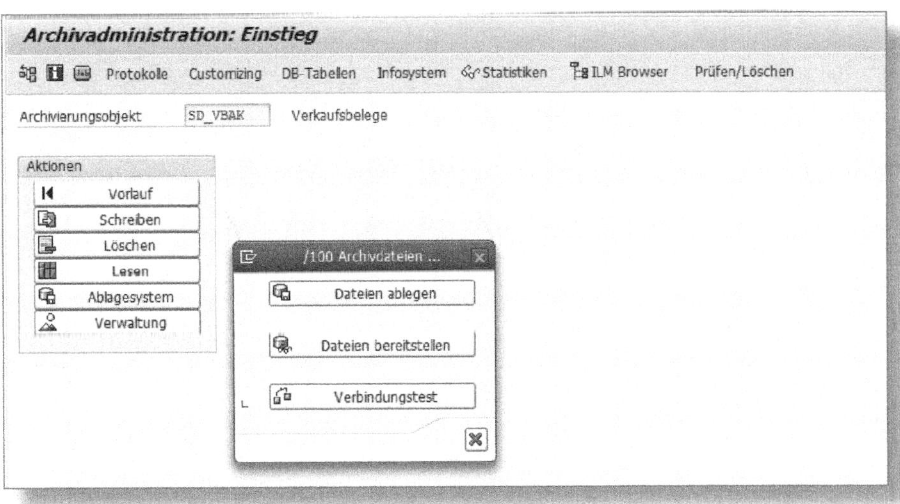

Abbildung 3.40: Funktionsauswahl Ablagesystem

Mit der Funktion DATEIEN ABLEGEN werden diejenigen erstellten Archivdateien abgelegt, die sich auf dem Übergabeverzeichnis befinden. Sie werden in das Content Repository geschrieben, das im archivierungsobjektspezifischen Customizing (siehe Abschnitt 3.1.4) gepflegt wurde. Bei Nutzung dieser Funktion müssen Sie diejenigen Archivdateien auswählen, die abgelegt werden sollen (Abbildung 3.41). Das Vorgehen ist identisch wie dasjenige in der Funktion »Löschen«, bei der Sie eine Datei aus der Archivauswahl zur Löschung selektieren würden (siehe Abschnitt 3.2.4).

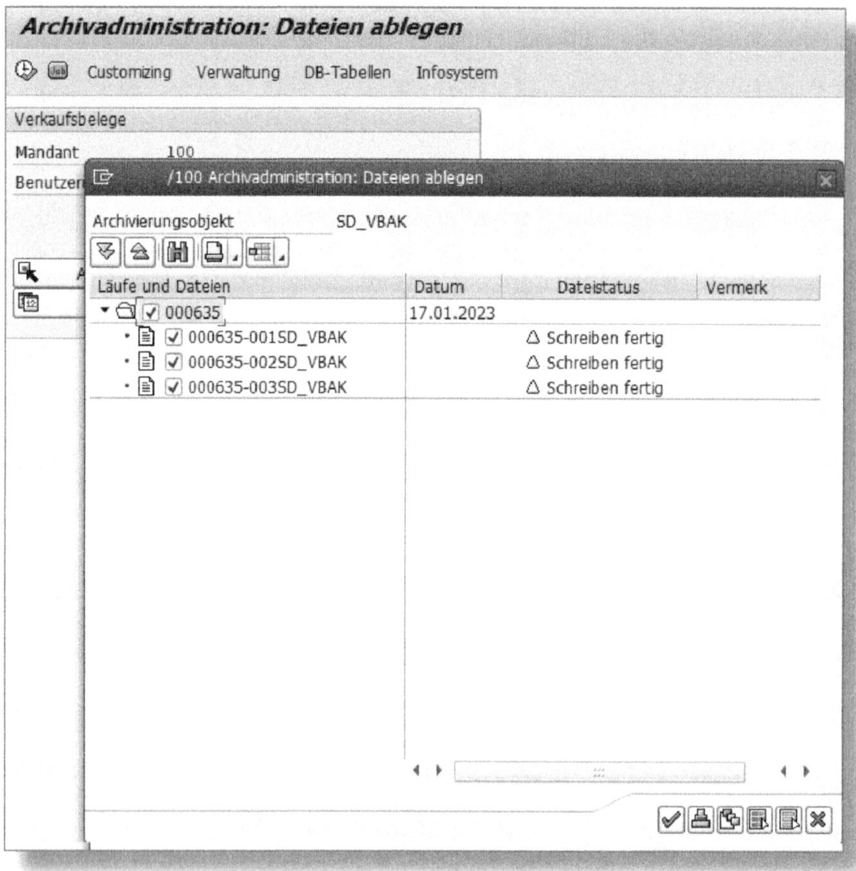

Abbildung 3.41: Datei ablegen – Archivauswahl

Die Funktion DATEIEN BEREITSTELLEN (Abbildung 3.40) hilft Ihnen dabei, bereits abgelegte Dateien auszuwählen und im Übergabeverzeichnis bereitzustellen. Diesen Vorgang wenden Sie an, wenn Daten aus einem

Content Repository in ein anderes abgelegt werden sollen. Der Ablauf lässt sich in vereinfachter Form wie folgt beschreiben:

1. Eine abgelegte Archivdatei wird im Übergabeverzeichnis bereitgestellt. Im archivobjektspezifischen Customizing ordnen Sie das neue Content Repository für die Archivdatei des Archivierungsobjekts zu.

2. Mit der Funktion DATEI ABLEGEN wird die Archivdatei aus dem Übergabeverzeichnis in das neu gepflegte Content Repository geschrieben.

Durch einen Klick auf den dritten Button in Abbildung 3.40 können Sie einen VERBINDUNGSTEST durchführen. Dabei wird die Verbindung zu Ihrer Ablage geprüft – also beispielsweise, ob Ihr Content Repository die Archivdateien problemlos aufnimmt.

In der Praxis werden Ablagejobs so geplant, dass die Ablage automatisch nach Erstellung der Archivdatei bzw. nach dem Schreiblauf erfolgt. Eine diesbezügliche Einstellung nehmen Sie im archivierungsobjektspezifischen Customizing (siehe Abschnitt 3.1.4) vor. Von einer separaten Ausführung der Ablage über den Button des Ablagesystems wird deshalb selten Gebrauch gemacht.

3.2.6 Nachlauf

In SAP werden im Archivierungslauf für einige Tabellen Sekundärindizes erstellt. Diese helfen anderen Programmen, schneller auf die benötigte Tabelle zuzugreifen, und steigern somit die Performance, sofern dies erforderlich ist. Diese Sekundärindizes von Tabellen werden vom Löschprogramm nicht berücksichtigt und können mit einem *Nachlaufprogramm* entfernt werden. Nachlaufprogramme sind für wenige Archivierungsobjekte verfügbar.

Sie starten ein Nachlaufprogramm, indem Sie Ihr Archivierungsobjekt in der Transaktion *SARA* eingeben und auf den Button [Nachlauf] klicken.

Das prominenteste Beispiel für ein Nachlaufprogramm ist das Archivierungsobjekt FI_DOCUMNT. In der Variantenpflege stehen Ihnen für dieses Archivierungsobjekt die in Abbildung 3.42 ersichtlichen Selektionskriterien zur Verfügung.

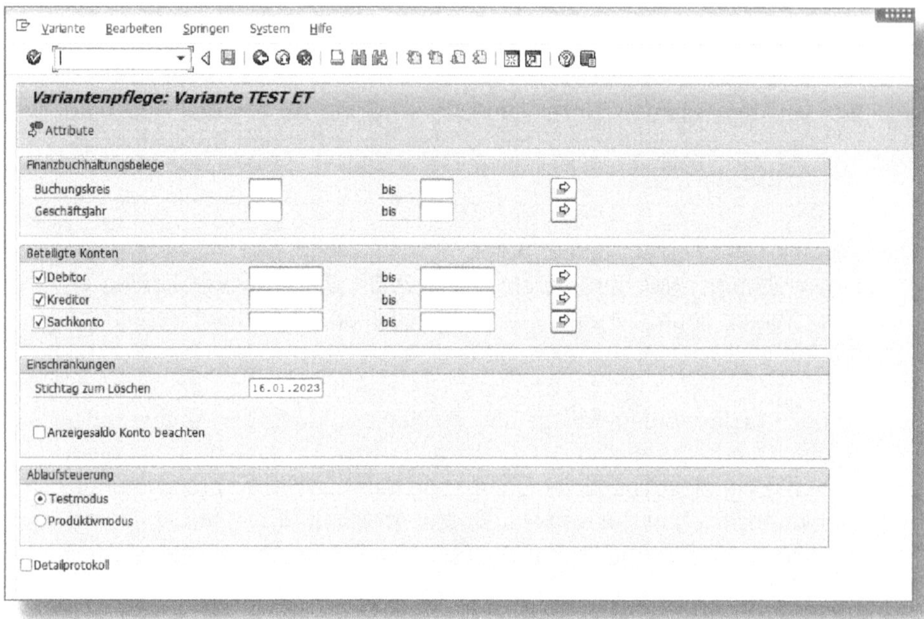

Abbildung 3.42: Variante im Nachlauf

Sie haben in diesem Beispiel die Möglichkeit, Finanzbuchhaltungsbelege für den Nachlauf hinsichtlich des BUCHUNGSKREISES und des GESCHÄFTSJAHRS einzuschränken. Zusätzlich wird angeboten, BETEILIGTE KONTEN auszuwählen, die nach DEBITOR, KREDITOR und SACHKONTO bestimmt werden können.

3.2.7 Lesen

Die Funktion »Lesen« aus der Archivadministration dient der Suche nach Belegen aus dem Archiv. Die Leseprogramme prüfen gemäß den Selektionskriterien so lange alle Archivdateien, bis die selektierte Belegnummer gefunden wurde. Bei dieser Art des Ablaufs spricht man von einem sequenziellen Datenzugriff.

Sie finden das Leseprogramm in der Archivadministration (Transaktion *SARA*) unter den Aktionen auf dem Button [Lesen]. In Abschnitt 3.3.2 werden wir Ihnen zeigen, wie Sie das Leseprogramm ausführen.

Eine andere Möglichkeit des Zugangs zum Leseprogramm ist die Transaktion *AOBJ*. Wählen Sie dort das Archivierungsobjekt aus, und rufen Sie die Sektion LESEPROGRAMME im Menübaum auf. Für das Archivierungsobjekt SD_VBAK kann im Standard von SAP das Leseprogramm S3VBAKAU verwendet werden (Abbildung 3.43). Dieses Programm führen Sie in der Transaktion *SE38* aus.

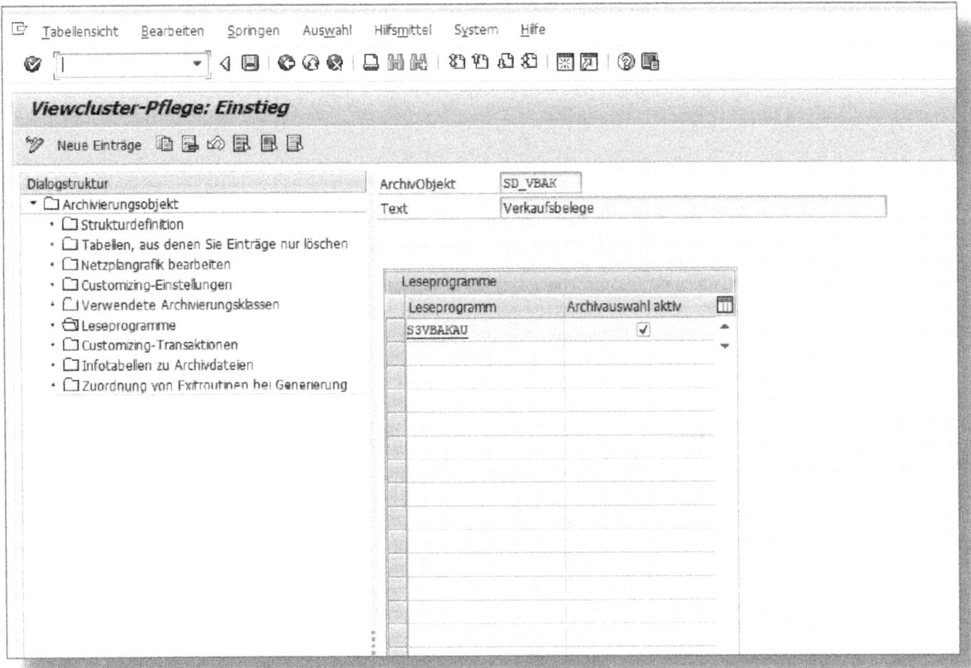

Abbildung 3.43: Transaktion AOBJ – verfügbare Leseprogramme

Ein gesetztes Häkchen im Feld ARCHIVAUSWAHL AKTIV bedeutet, dass die Möglichkeit einer Eingrenzung der Archivdateien besteht. Ist die Auswahl aktiv gesetzt, müssen Sie definieren, in welchen Archivdateien gesucht werden soll. Ist die Eingrenzung nicht korrekt, können keine Daten gefunden und gelesen werden.

3.3 Zugriffsoptionen

Im Rahmen der SAP-Datenarchivierung werden weniger häufig benötigte Daten aus der Datenbank entfernt. Es kann jedoch vorkommen, dass nach der Archivierung eine Einsicht in diese Daten nötig wird. In diesem Abschnitt zeigen wir Ihnen, wie Sie auf archivierte Daten zugreifen.

Hierzu benötigen Sie das Archivinformationssystem: Es ordnet die archivierten Daten den gepflegten Ablagen zu. In SAP können archivierte Daten standardmäßig auf drei verschiedene Arten aufgerufen werden, wobei die verfügbaren Methoden für den Zugriff je nach Archivierungsobjekt variieren.

- Die erste Möglichkeit sind SAP-Standardtransaktionen. Solche direkten Zugriffe können allerdings nicht immer für den Abruf archivierter Daten genutzt werden, da nicht alle Transaktionen über einen Archivzugriff verfügen.
- Wie Sie im vorherigen Abschnitt erfahren haben, ist ein zweiter Zugriff auf archivierte Daten auch über Leseprogramme möglich.
- Drittens kann die Einsicht auf archivierte Daten mittels des SAP Archive Explorer über die Transaktion *SARE* erfolgen.

3.3.1 Archivinformationssystem (AS)

Das *Archivinformationssystem (AS)* ist ein Instrument, mithilfe dessen die Archivdateien durchsucht und daraus Strukturen erstellt werden können, die es ermöglichen, auf die Daten zuzugreifen. Es ist somit die basale Voraussetzung für das Lesen von Daten aus dem Archiv. Das AS muss unmittelbar nach der Erstellung der Archivdateien eingerichtet werden, es wird über die Transaktion *SARI* aufgerufen (Abbildung 3.44).

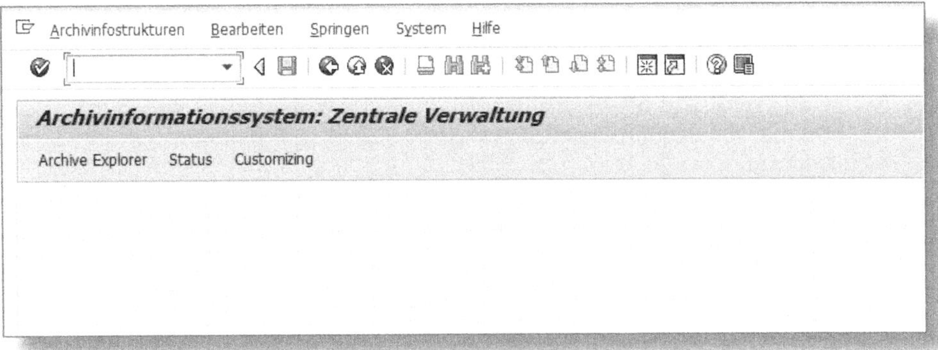

Abbildung 3.44: Transaktion SARI – Einstieg

Das AS besteht aus den drei Bereichen ARCHIVE EXPLORER *(SARE)*, STATUS und CUSTOMIZING (Archive Retrieval Configurator, Transaktion *SARJ*). Unter dem Punkt CUSTOMIZING können Sie Archivinformationsstrukturen anlegen und aktivieren. Unter STATUS werden die angelegten Archivinfostrukturen auf- und abgebaut. Der AS dient zur Suche nach archivierten Daten durch das Zurückgreifen auf die Archivinformationsstrukturen.

Anhand eines Beispiels möchten wir Ihnen zeigen, wie Sie eine Archivinformationsstruktur aktivieren und pflegen. Wir nutzen dazu exemplarisch das Archivierungsobjekt FI_DOCUMNT.

Im ersten Schritt rufen Sie die Transaktion SARI auf. Diese kann alternativ über die Archivadministration über den Button Infosystem gefunden werden. Sie gelangen in die zentrale Verwaltung des Archivinformationssystems. Im Reiter können Sie dessen drei Bereiche aufrufen und bedienen.

Klicken Sie auf den Button Customizing, um den Archive Retrieval Configurator zu öffnen. Hier können Sie Archivinfostrukturen anlegen, löschen, ändern, anzeigen, kopieren, aktivieren und deaktivieren. SAP bietet im Standard für verschiedene Archivierungsobjekte zugehörige

Archivinfostrukturen. Diese haben angepasste Feldkataloge, die Sie für die Belegsuche gemäß Archivierungsobjekt brauchen. Unter den Feldkatalogen werden diejenigen Felder bestimmt, welche die Suchkriterien im Archive Explorer definieren.

Im Folgenden zeigen wir, wie Sie ein Archivinformationssystem für das Archivierungsobjekt FI_DOCUMNT einrichten:

Zunächst benötigen Sie eine aktive Archivinfostruktur. Eine passende Infostruktur für das Archivierungsobjekt FI_DOCUMNT finden Sie im SAP-Standard.

Rufen Sie über die Transaktion *SARJ* den Archive Retrieval Configurator auf. Tragen Sie in das Feld ARCHIVINFOSTRUKTUR die Infostruktur ein, die aktiviert werden soll. Wenn Sie deren Namen nicht kennen, weil Sie eine SAP-Standardstruktur verwenden möchten, klicken Sie auf den Button neben dem Feld zur Eingabe einer Archivinfostruktur (Abbildung 3.45).

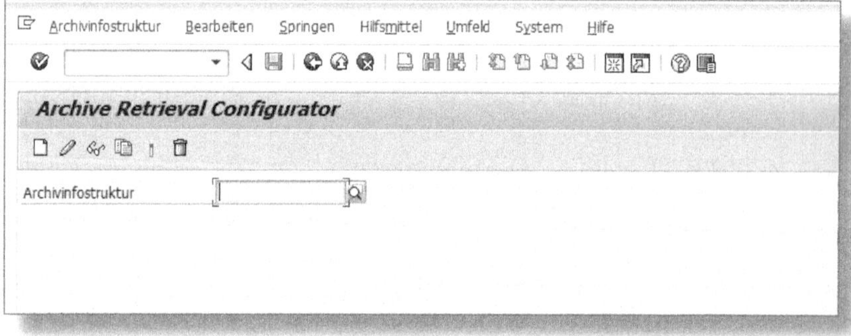

Abbildung 3.45: Archive Retrieval Configurator

Nun geben Sie unter der Suchfunktion das Archivierungsobjekt ein, zu welchem Sie passende Infostrukturen suchen. Klicken Sie hierfür auf den Button , und tragen Sie Ihr Archivierungsobjekt ein, also in unserem Fall *FI_DOCUMNT* (Abbildung 3.46).

Bestätigen Sie Ihre Eingabe, indem Sie nochmals auf den Button im Dialogfenster klicken. Ihnen werden nun die verfügbaren Archivinformationsstrukturen angezeigt, die Ihrem ausgewählten Archivierungsobjekt zugewiesen wurden.

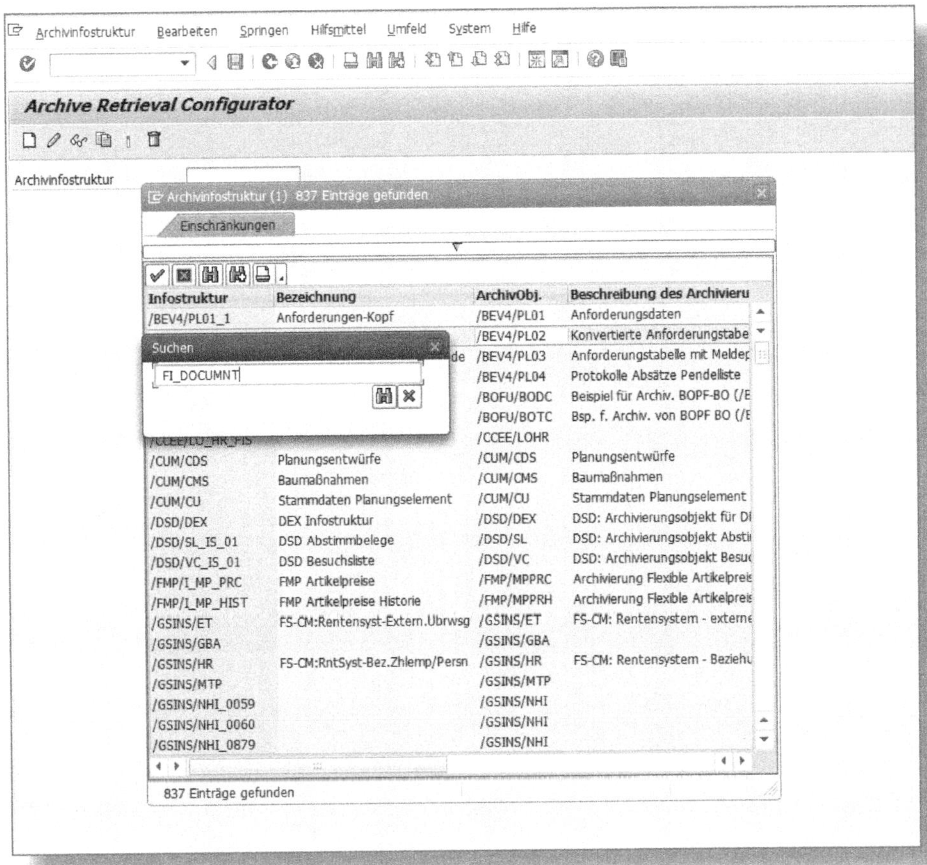

Abbildung 3.46: Infostruktur suchen

Auswahl der geeigneten Archivinfostrukturen

Es kann mehrere Infostrukturen geben, da hinter diesen verschiedene Feldkataloge hinterlegt sind. Die Nutzung diverser Archivinfostrukturen ist dann sinnvoll, wenn Sie mehrere Selektionsmasken für Ihren Archivzugriff benötigen. Beispielsweise kann eine Archivinfostruktur für die Suchkriterien Buchungskreis und Belegnummer dienen. Eine andere Archivinfostruktur wäre dann zum Beispiel für die Felder »Geschäftsjahr« und »Angelegt von« verantwortlich.

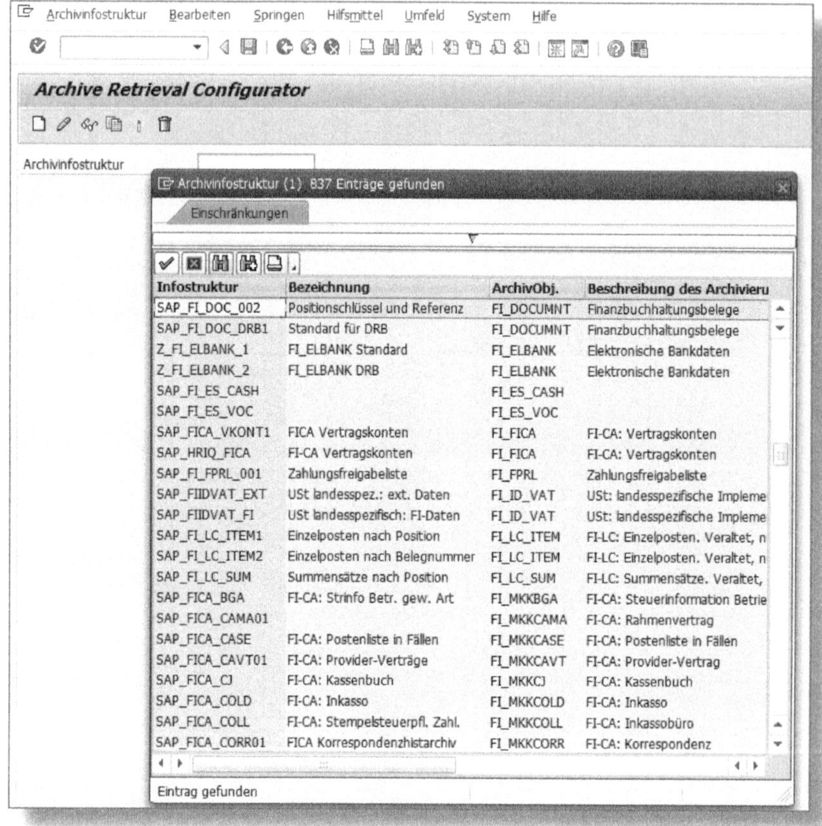

Abbildung 3.47: Infostruktur auswählen

In unserem Beispiel (Abbildung 3.47) erkennen Sie, dass für das Archivierungsobjekt FI_DOCUMNT die folgenden beiden Infostrukturen zur Verfügung stehen:

- SAP_FI_DOC_002 – POSITIONSSCHLÜSSEL UND REFERENZ
- SAP_FI_DOC_DRB1 – STANDARD FÜR DRB

Diese beiden Informationsstrukturen beinhaltet bereits der SAP-Standard.

In unserem Beispiel wählen wir per Doppelklick die Archivinformationsstruktur *SAP_FI_DOC_002* aus.

Anschließend klicken Sie den Button im Reiter des Archive Retrieval Configurator, um die selektierte Infostruktur zu aktivieren.

Wird Ihnen der in Abbildung 3.48 dargestellte Meldungstext angezeigt, wurde Ihre Infostruktur erfolgreich aktiviert.

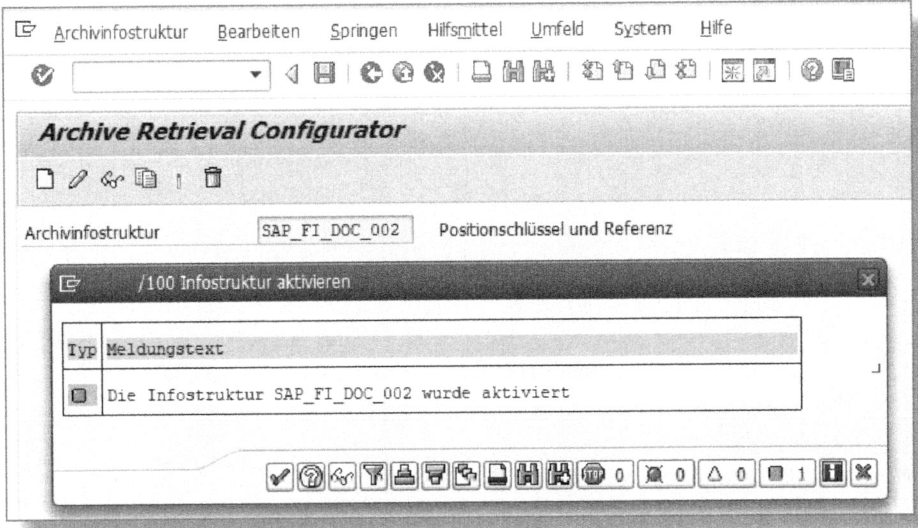

Abbildung 3.48: Infostruktur aktiviert – Erfolgsmeldung

Sie können die Felder der aktivierten Infostruktur einsehen, indem Sie auf den Button klicken.

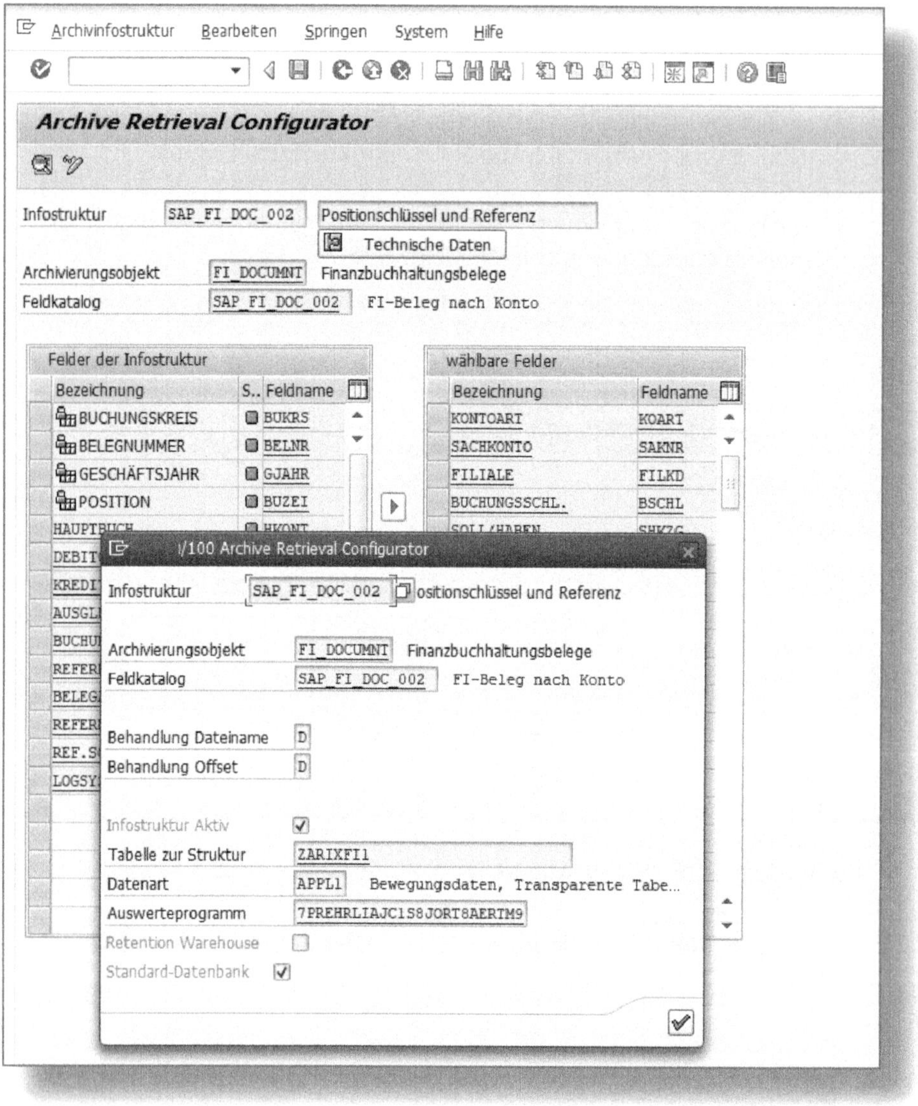

Archivinfostruktur Bearbeiten Springen System Hilfe

Archive Retrieval Configurator

Infostruktur SAP_FI_DOC_002 Positionschlüssel und Referenz

Technische Daten

Archivierungsobjekt FI_DOCUMNT Finanzbuchhaltungsbelege

Feldkatalog SAP_FI_DOC_002 FI-Beleg nach Konto

Felder der Infostruktur

Bezeichnung	S..	Feldname
BUCHUNGSKREIS		BUKRS
BELEGNUMMER		BELNR
GESCHÄFTSJAHR		GJAHR
POSITION		BUZEI

wählbare Felder

Bezeichnung	Feldname
KONTOART	KOART
SACHKONTO	SAKNR
FILIALE	FILKD
BUCHUNGSSCHL.	BSCHL

I/100 Archive Retrieval Configurator

Infostruktur SAP_FI_DOC_002 Positionschlüssel und Referenz

Archivierungsobjekt FI_DOCUMNT Finanzbuchhaltungsbelege

Feldkatalog SAP_FI_DOC_002 FI-Beleg nach Konto

Behandlung Dateiname D

Behandlung Offset D

Infostruktur Aktiv

Tabelle zur Struktur ZARIXFI1

Datenart APPL1 Bewegungsdaten, Transparente Tabe...

Auswerteprogramm 7PREHRLIAJC1S8JORT8AERTM9

Retention Warehouse

Standard-Datenbank

Abbildung 3.49: Bearbeiten der Felder der Infostruktur

Die Infostruktur SAP_FI_DOC_002 beinhaltet dabei folgende Felder (Abbildung 3.49):

- BUCHUNGSKREIS
- BELEGNUMMER
- GESCHÄFTSJAHR
- POSITION
- HAUPTBUCH
- DEBITOR
- KREDITOR
- AUSGLEICH
- BUCHUNGSDATUM
- REFERENZ
- BELEGART
- REFERENZVORGANG
- REF. SCHLÜSSEL
- LOGSYSTEM

Infostruktur bearbeiten

Möchten Sie die Felder der Infostruktur bearbeiten, nutzen Sie zur Delegation die beiden Pfeiltasten ▶◀. Hierbei gilt: Je weniger Felder Sie für Ihre Infostruktur auswählen, desto schneller wird die Suche nach archivierten Belegen ausgeführt.

Wir empfehlen – sofern möglich – nur die Schlüsselfelder zu nutzen. Diese sind indiziert, weshalb der Zugriff in diesen Fällen deutlich schneller erfolgt. Die Schlüsselfelder erkennen Sie an dem Schlosssymbol in der Bezeichnung; zu ihnen gehören:

- BUCHUNGSKREIS
- BELEGNUMMER
- GESCHÄFTSJAHR
- POSITION

Klicken Sie in der Detailanzeige Ihrer Infostruktur auf den Button Technische Daten, werden Ihnen technische Daten zur ausgewählten Struktur angezeigt. Abbildung 3.50 zeigt die Tabelle zur Struktur.

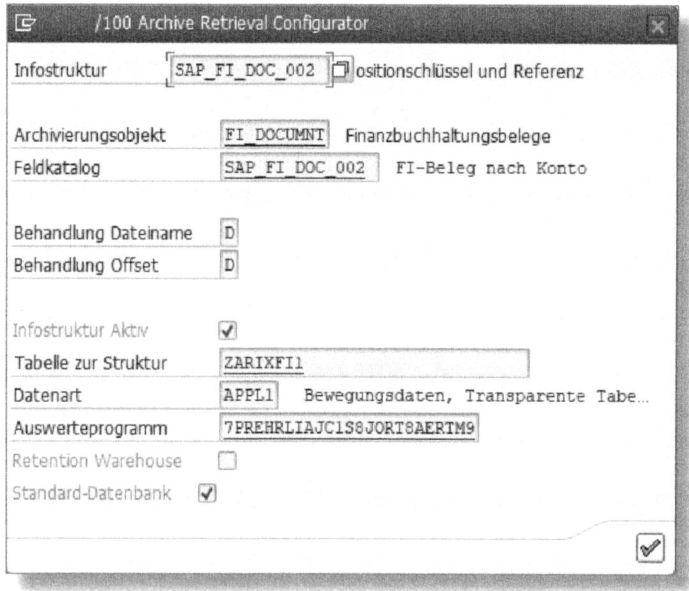

Abbildung 3.50: Infostruktur – technische Details

Neue Archivinfostruktur anlegen

Reichen Ihnen die Archivinfostrukturen des SAP-Standards nicht aus, können Sie in der Transaktion *SARJ* auch neue Strukturen anlegen oder vorhandene bearbeiten.

Das Anlegen einer neuen Archivinformationsstruktur starten Sie durch Anwahl des Buttons 🗋 in der Einstiegsmaske des Archive Retrieval Configurator (Abbildung 3.45).

Ihnen werden Felder angezeigt, in denen Sie die Infostruktur benennen und das dazugehörige Archivierungsobjekt eintragen. Zudem müssen Sie dem Infosystem einen bestehenden oder ebenfalls neu angelegten Feldkatalog zuweisen.

Die Felder der Infostruktur können Sie sich alternativ über den Button 👓 anzeigen lassen.

Sofern Sie eine Informationsstruktur erstellen wollen, die einer bereits bestehenden stark ähnelt, können Sie eine vorhandene kopieren und im Nachgang bearbeiten. Zu diesem Zweck klicken Sie auf den Button 📋. Sie wählen sodann eine Quellinfostruktur aus, die kopiert werden soll, und geben eine Zielinfostruktur ein, die als neue kopierte Infostruktur auf ihr basiert. Anschließend können Sie, wie bereits erläutert, die Infostruktur nach Ihren Wünschen bearbeiten.

Archivinfostrukturen aufbauen

Nach Aktivierung der Archivinfostruktur müssen Sie diese für die Archivdateien aufbauen. Wechseln Sie dazu in die Transaktion *SARI*, und betätigen Sie den Button Status, um in die Statusverwaltung zu gelangen (Abbildung 3.51).

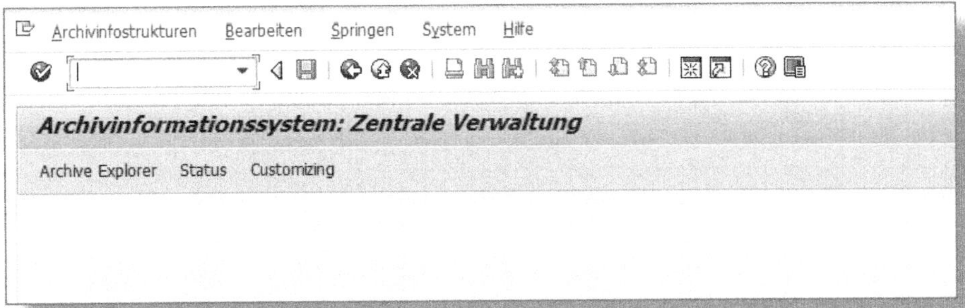

Abbildung 3.51: Transaktion SARI – Einstieg

Tragen Sie in das Feld Ihr Archivierungsobjekt ein – in unserem Fall erneut *FI_DOCUMNT* –, und klicken Sie danach auf STATUS PRO ARCHIV (Abbildung 3.52).

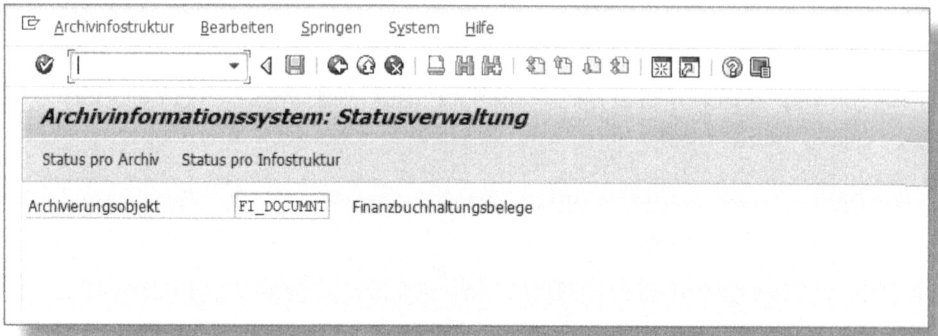

Abbildung 3.52: Archivinformationssystem – Statusverwaltung

Sie gelangen in die Maske aus Abbildung 3.53, welche die aktivierten Infostrukturen darstellt. Der rote Punkt in der Zeile Ihrer Archivinfostruktur (links) signalisiert Ihnen, dass die Struktur (noch) nicht aufgebaut ist.

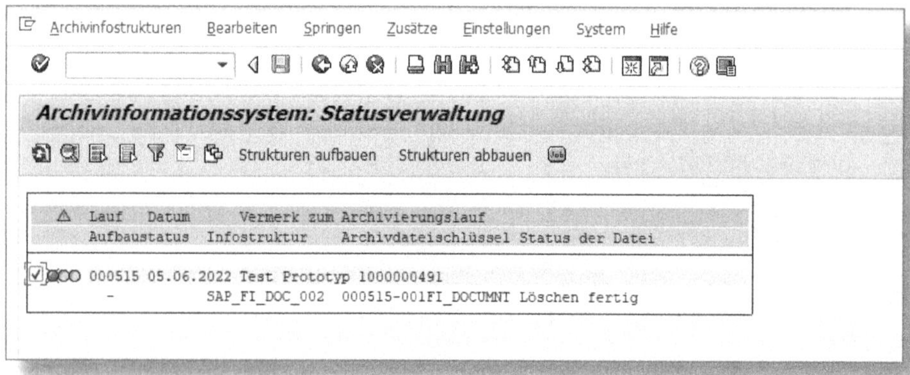

Abbildung 3.53: Infostruktur pro Archivlauf aufbauen

Die Anzeige der Strukturen bietet Ihnen nun unter anderem die beiden Möglichkeiten STRUKTUREN AUFBAUEN und STRUKTUREN ABBAUEN. Wählen Sie Ersteres aus, und klicken Sie auf den Button Strukturen aufbauen .

Im nächsten Fenster werden Sie nach der Ausführung des Aufbaus gefragt. Hier können Sie den Job im Hintergrund oder im Dialog durchführen (Abbildung 3.54).

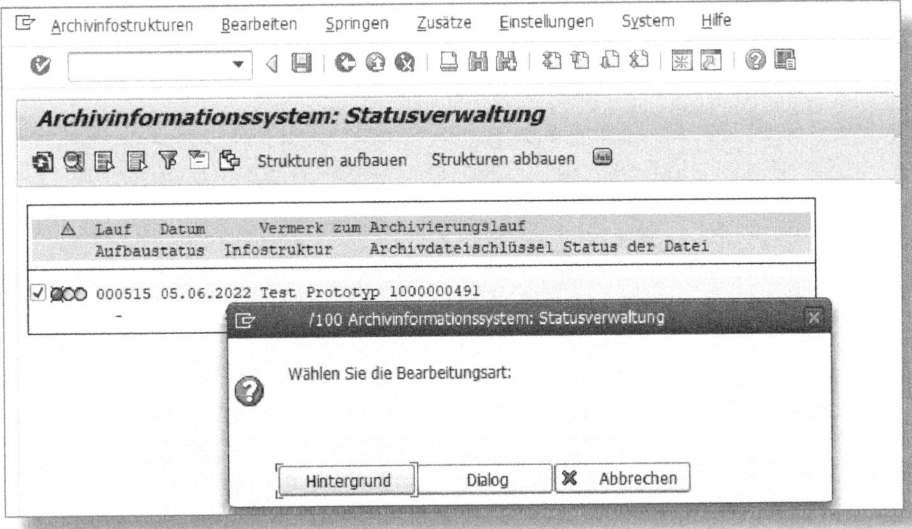

Abbildung 3.54: Infostruktur – Bearbeitungsart auswählen

Infostruktur besser mit Hintergrundjob aufbauen

Wir empfehlen, den Strukturaufbau im Hintergrund durchführen, da diese Jobs in der Regel eine lange Laufzeit haben.

Wir führen den Aufbau in unserem Beispiel aus und erhalten bei Erfolg den Meldungstext aus Abbildung 3.55, der die Fertigstellung verkündet.

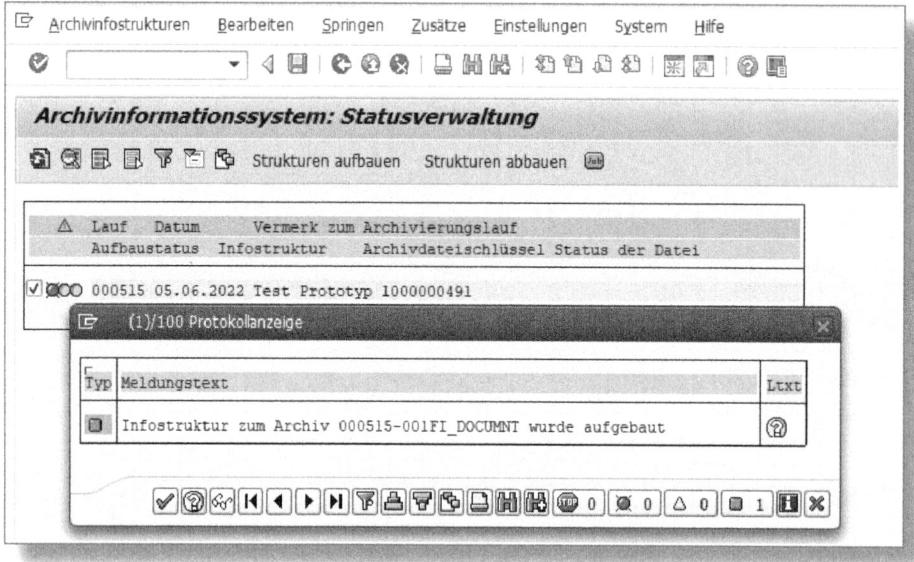

Abbildung 3.55: Infostruktur aufbauen – Erfolgsmeldung

Es gibt auch die Option, den Status nicht pro Archiv, sondern pro Infostruktur aufzubauen. Das Vorgehen ist dabei analog zum gerade geschilderten Vorgang, wobei hier die Infostruktur als Ganzes für alle Archivdateien aufgebaut wird (Abbildung 3.56).

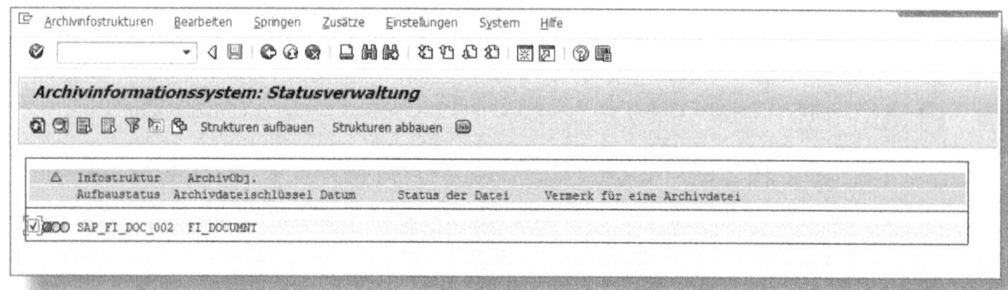

Abbildung 3.56: Infostruktur pro Infostruktur aufbauen

3.3.2 Archivzugriff

Leseprogramme

Leseprogramme können als Zugriffsoption für archivierte Daten genutzt werden; sie sind für die meisten Archivierungsobjekte verfügbar. Ein Leseprogramm arbeitet sequenziell. Das bedeutet, dass die Archive nacheinander so lange durchsucht werden, bis der angeforderte Beleg gefunden wird. Aufgrund des sequenziellen Vorgehens nimmt das Suchen mit einem Leseprogramm viel Zeit in Anspruch. In der Praxis wird diese Form des Archivzugriffs deshalb eher vermieden. Anhand von FI_DOCUMNT möchten wir Ihnen dennoch zeigen, wie Sie ein solches Programm nutzen.

Selbst entwickelte Leseprogramme

Leseprogramme können auch selbst entwickelt und im Customizing eingepflegt werden.

Das Leseprogramm finden Sie über die Archivadministration *SARA*.

Geben Sie dort das Archivierungsobjekt ein, und klicken Sie anschließend auf die Aktion LESEN, sofern sie für das Archivierungsobjekt vorhanden ist.

Sie können das Leseprogramm nun im Hintergrund oder im Dialogmodus starten. Zum Starten im Hintergrund müssen Sie unter HINTERGRUND/DIALOG den Wert *BATCH* auswählen, zum Starten im Dialogmodus nutzen Sie *DIALOG* (Abbildung 3.57).

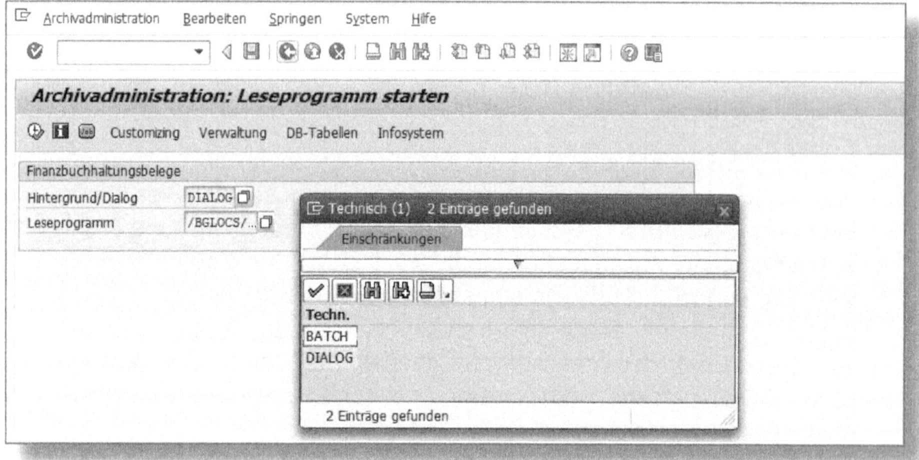

Abbildung 3.57: Leseprogramm – Bearbeitungsart auswählen

Leseprogramme im Hintergrund ausführen

Da die Ausführung von Leseprogrammen in der Regel viel Zeit in Anspruch nimmt, empfehlen wir, sie immer im Hintergrund laufen zu lassen. Hierfür können Sie einen beliebigen Zeitraum auswählen.

Nun wählen Sie ein passendes Leseprogramm für Ihren Zweck aus. In der Spalte REPORT-TITEL können Sie sich Hilfe bezüglich Ihres Lesezwecks beschaffen. Klicken Sie hierfür auf den Button .

In unserem Beispiel wählen wir das Leseprogramm *RFBELJ00* (BELEG-KOMPAKTJOURNAL) aus (Abbildung 3.58).

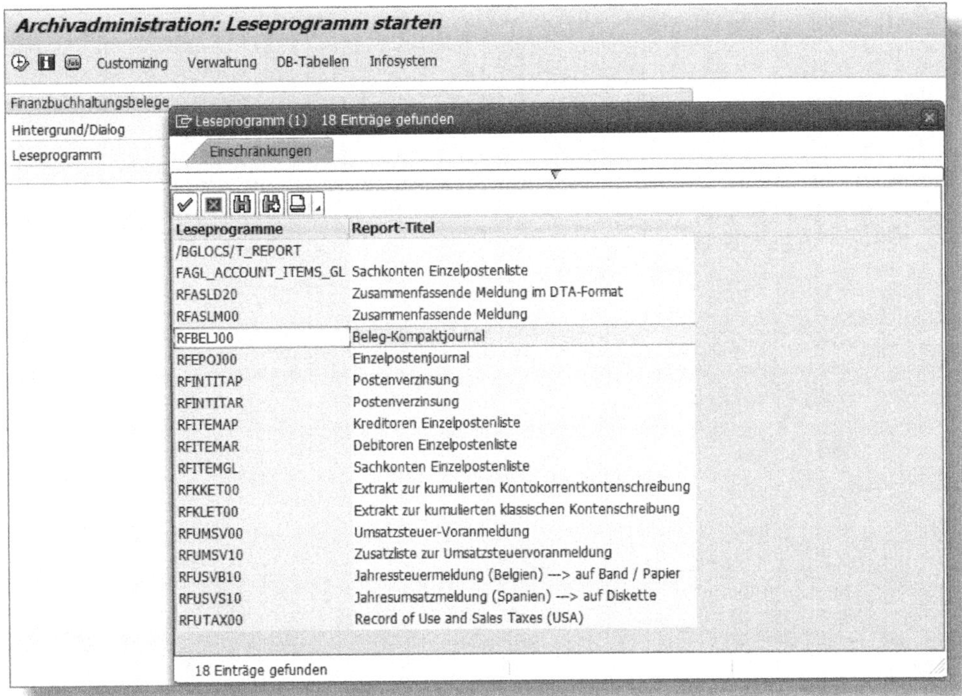

Abbildung 3.58: Auswahl des Leseprogramms

Ihnen wird zunächst die Selektionsmaske angezeigt, in der Sie Ihre Auswahlkriterien zur Suche eingeben können. Um aus dem passenden Archiv lesen zu können, müssen Sie zuerst eine Datenquelle auswählen. Klicken Sie hierzu auf den Button Datenquellen. Versetzen Sie das Häkchen von DATENBANK zu ARCHIV, um die Suche dort zu veranlassen. Im Fenster selektieren Sie dann über den Button Archiv-Auswahl Ihren gewünschten Archivierungslauf (Abbildung 3.59).

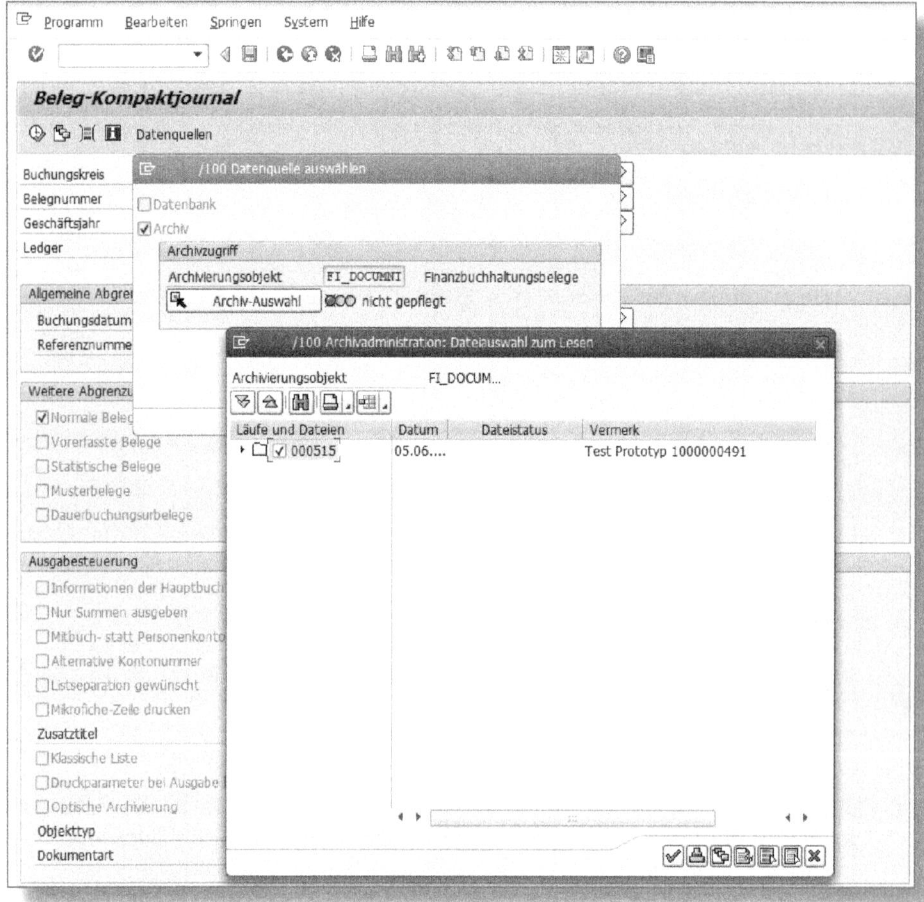

Abbildung 3.59: Auswahl der Archivdatei

Sie können alternativ zum gesamten Archivierungslauf eine Archivdatei auswählen. Beachten Sie, dass die Lesegeschwindigkeit umso höher ist, je genauer Sie die Suche einschränken.

Nun können Sie in der Selektionsmaske die erforderlichen Kriterien Ihrer Suche eingeben, um einen Leselauf zu starten. Wurde der gesuchte Beleg gefunden, können Sie sich diesen anzeigen lassen. In unserem

Beispiel wird er im BELEG-KOMPAKTJOURNAL dargestellt, wie Abbildung 3.60 zeigt.

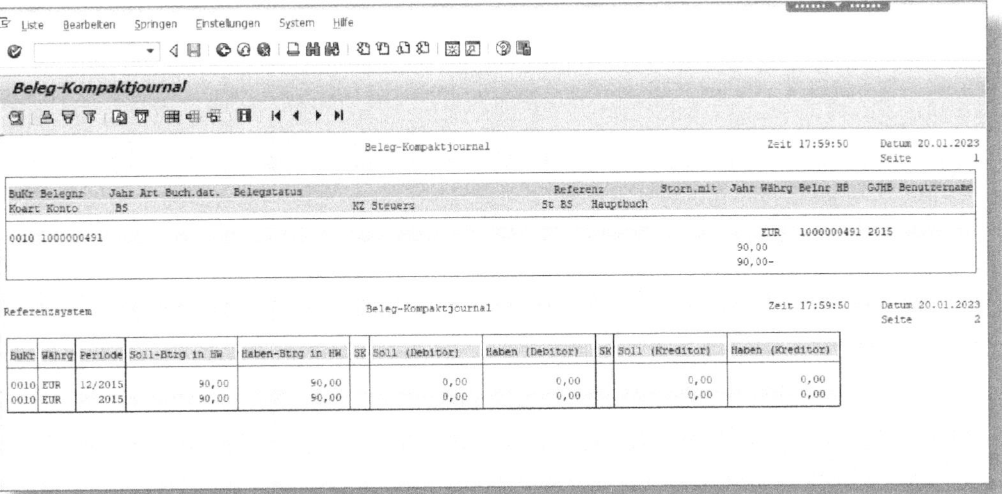

Abbildung 3.60: Ergebnis des Leseprogramms

Archive Explorer

Der *Archive Explorer* ist der Hauptbestandteil des Archivinformationssystems. Der Zugriff auf archivierte Daten mittels des Archive Explorer kann für jedes Archivierungsobjekt eingerichtet werden. Sie benötigen hierfür zwingend eine aktive und aufgebaute Archivinfostruktur.

Damit Sie sich archivierte Daten über Ihren Archive Explorer anzeigen lassen können, rufen Sie die Transaktion *SARE* auf. Tragen Sie nun Ihr entsprechendes Archivierungsobjekt ein. Haben Sie für das eingegebene Archivierungsobjekt lediglich eine Archivinfostruktur aktiviert, können Sie die Transaktion sofort ausführen. Sollte es für Ihr System mehrere aktive Archivinfostrukturen geben, müssen Sie die gewünschte Struktur zusätzlich auswählen.

Wir kommen auf das Beispiel aus Abschnitt 3.3.1 zurück und selektieren für das Archivierungsobjekt FI_DOCUMNT die bereits aktive Infostruktur *SAP_FI_DOC_002* (Abbildung 3.61).

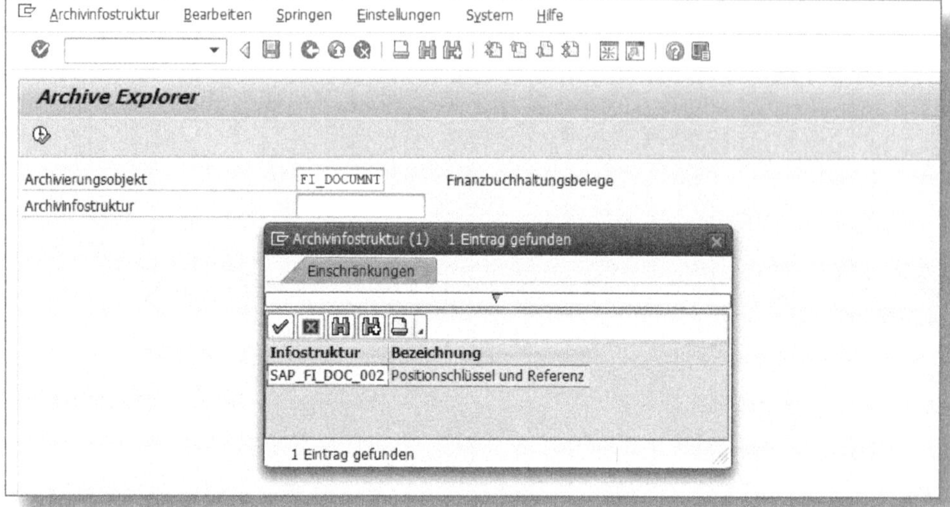

Abbildung 3.61: Auswahl der Archivinfostruktur

Führen Sie nach Auswahl des Archivierungsobjekts und der Archivinfostruktur die Transaktion *SARE* aus.

Ihnen wird nun die Selektionsmaske aus Abbildung 3.62 angezeigt.

Sie erkennen an dieser Stelle, dass die Felder der Archivinfostruktur als Auswahlfelder wiedergegeben werden. Da wir unsere Felder unbearbeitet gelassen haben, wird uns die Selektionsmaske gemäß der standardmäßigen Archivinfostruktur angezeigt.

Zusätzlich zu den Feldern, die Sie ausgewählt haben, gibt es in jeder Selektionsmaske das Auswahlfeld ARCHIVDATEISCHLÜSSEL. Dieses erlaubt es Ihnen, in bestimmten Archivdateien zu suchen. Wissen Sie beispielsweise, dass Sie Daten suchen, die sich in einer bestimmten Archivdatei befinden, kann diese Funktion hilfreich sein.

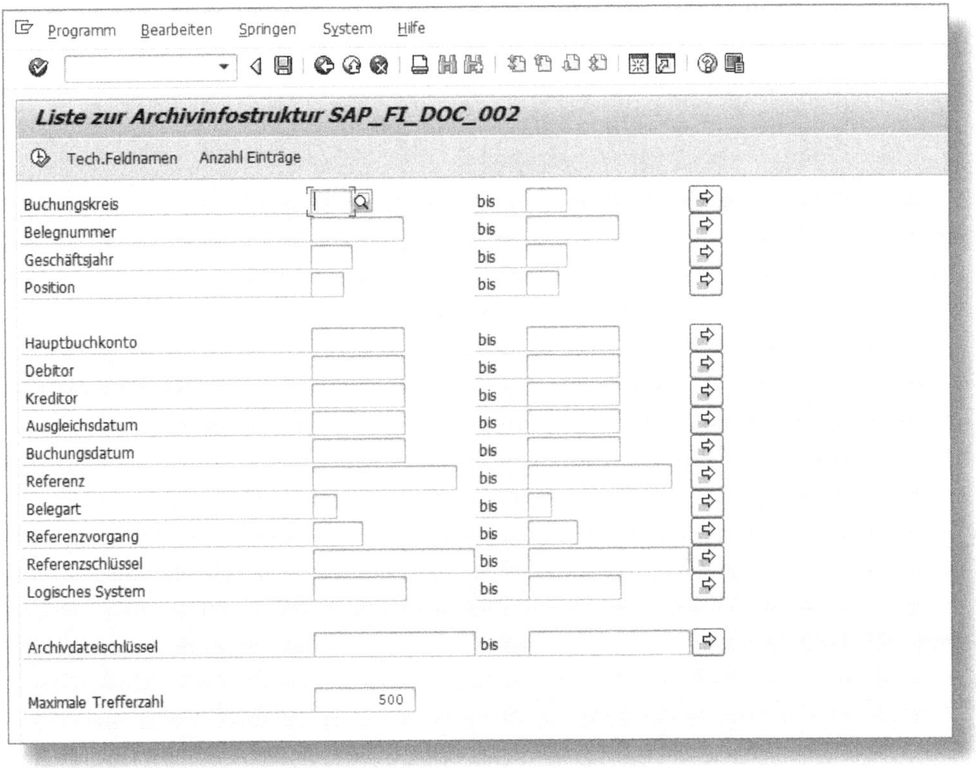

Programm Bearbeiten Springen System Hilfe

Liste zur Archivinfostruktur SAP_FI_DOC_002

Tech.Feldnamen Anzahl Einträge

Buchungskreis bis
Belegnummer bis
Geschäftsjahr bis
Position bis

Hauptbuchkonto bis
Debitor bis
Kreditor bis
Ausgleichsdatum bis
Buchungsdatum bis
Referenz bis
Belegart bis
Referenzvorgang bis
Referenzschlüssel bis
Logisches System bis

Archivdateischlüssel bis

Maximale Trefferzahl 500

Abbildung 3.62: Selektionsmaske in der Transaktion SARE

Bestätigen Sie Ihre Selektion ohne die Eingabe von Kriterien, werden Ihnen alle archivierten Daten des entsprechenden Archivierungsobjekts in der angegebenen Archivinfostruktur angezeigt.

In unserem Beispiel wurden zwei Belege archiviert, die zu der in Abbildung 3.63 dargestellten Anzeige führen.

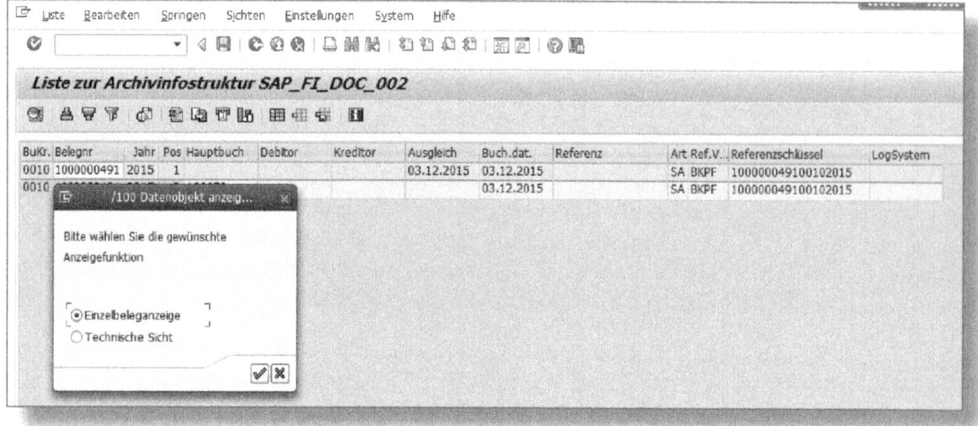

Abbildung 3.63: Auswahl der Anzeigefunktion

Sie können im Archive Explorer verschiedene Anzeigefunktionen nutzen. Wählen Sie für unser Beispiel einen Beleg aus, sind die beiden Funktionen EINZELBELEGANZEIGE und TECHNISCHE SICHT möglich. Letztere gibt es für jedes Archivierungsobjekt.

Wir möchten Ihnen an dieser Stelle zuerst die EINZELBELEGANZEIGE vorstellen. Sie erkennen, dass diese Anzeige der Standardtransaktion *FB03* aus dem Finanzwesen entspricht und benutzerfreundlich aufgebaut ist (Abbildung 3.64).

Wählen Sie jedoch die TECHNISCHE SICHT aus, haben Sie die Möglichkeit, die Daten anhand der zur Verfügung gestellten Tabellen einzusehen. Entscheiden Sie sich für eine Tabelle, und bestätigen Sie Ihre Auswahl. In unserem Beispiel lassen wir uns die Tabelle *BKPF – Belegkopf für Buchhaltung* anzeigen (Abbildung 3.65).

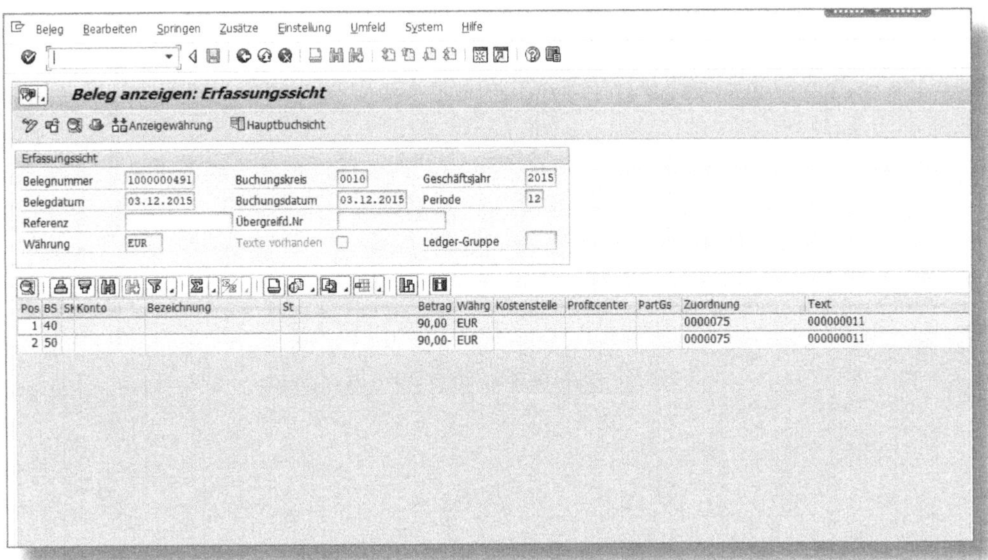

Abbildung 3.64: Ergebnis in der Einzelbelegansicht

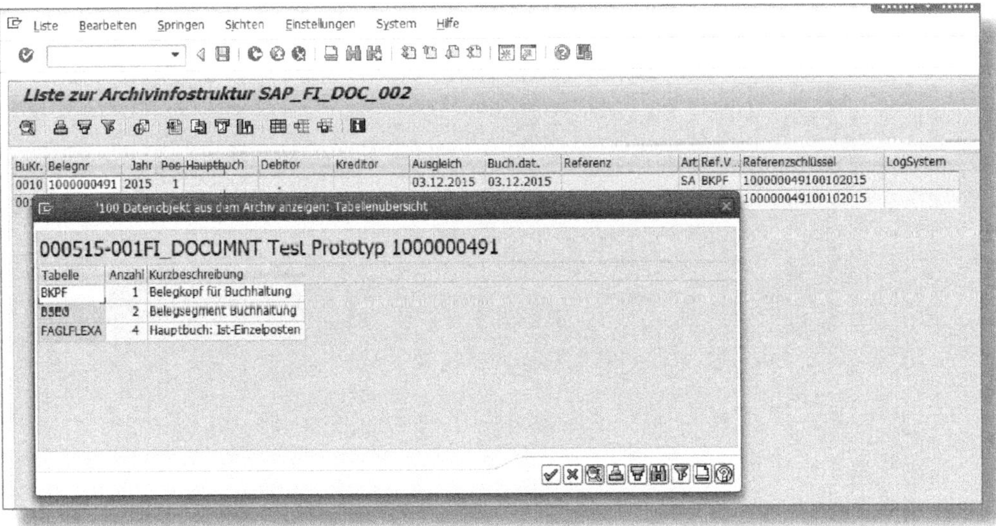

Abbildung 3.65: Technische Sicht – Auswahl der Tabelle

Hier sehen Sie die technische Sicht anhand der TABELLE BKPF: Auf der linken Seite finden Sie die GRUPPENBEZEICHNUNG und auf der rechten den entsprechenden ZELLENINHALT (Abbildung 3.66).

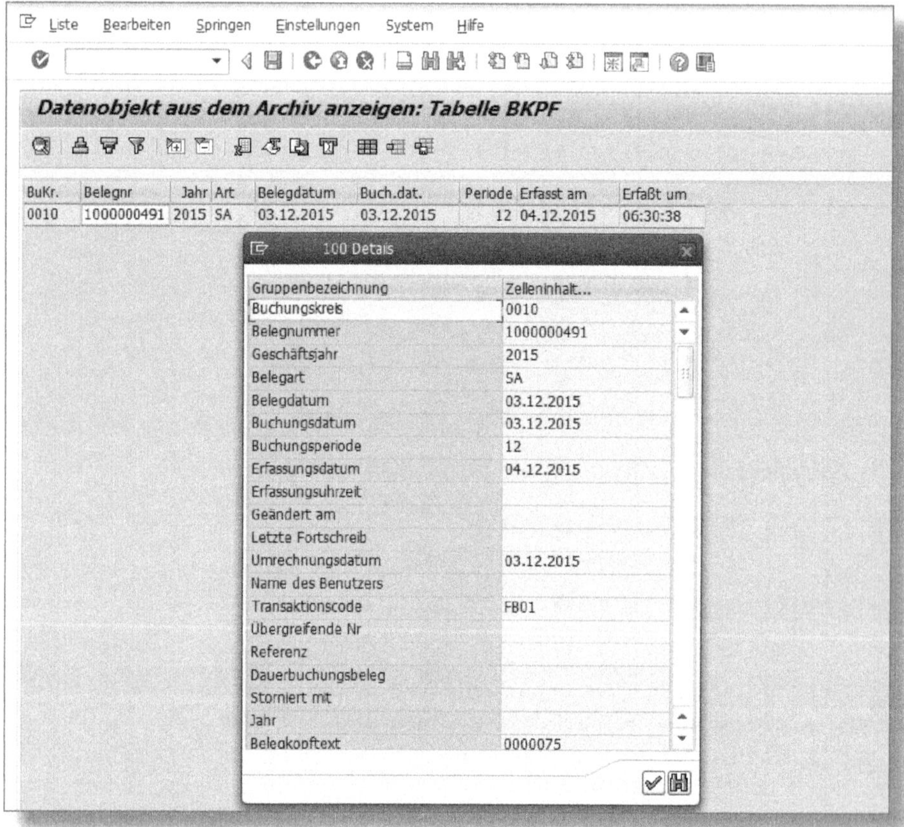

Abbildung 3.66: Anzeige in technischer Sicht

Die technische Sicht der Anzeige von Archivdaten ist immer verfügbar. Für Endanwender ist es einfacher, bei archivierten Daten mit FI_DOCUMNT die Einzelbeleganzeige zu nutzen, da diese der Anzeige aus den Standardtransaktionen entspricht. Wir empfehlen Ihnen daher, bei Ihren Anwendern immer Alternativen zur technischen Sicht zu priorisieren – sofern solche vorhanden sind.

SAP-Standardtransaktionen

Dem Endanwender sind die *SAP-Standardtransaktionen* auch außerhalb der SAP-Datenarchivierung bekannt. Sie sind die komfortabelste Art der Anzeige von archivierten Belegen, da sie aus einem bereits gewohnten Umfeld stammen. Die Unterschiede zwischen dem Vorgehen bei der Anzeige von archivierten und nicht archivierten Belegen sind marginal, was Schulungen für Ihre Endanwender in diesem Fall überflüssig macht. Allerdings kann man nicht mit jeder SAP-Standardtransaktion Daten aus dem Archiv lesen.

Die wichtigsten Transaktionen im Finanzwesen besitzen jedoch die Funktion, aus dem Archiv lesen zu können. Nachfolgend finden Sie einige dieser Transaktionen im Überblick:

- *FB03* – Beleg anzeigen
- *FB03L* – Beleg anzeigen: Einstieg Hauptbuchsicht
- *FBL1N* – Kreditoren Einzelposten
- *FBL3N* – Sachkonten Einzelposten
- *FBL5N* – Debitoren Einzelposten
- *FAGLL03* – Sachkonten Einzelposten Hauptbuchsicht
- *FAGLB03* – Sachkontensaldenanzeige
- *FS10N* – Sachkontensaldenanzeige
- *FK10N* – Saldenanzeige Kreditoren
- *FK10N* – Saldenanzeige Debitoren

Anhand eines Beispiels möchten wir Ihnen vorführen, wie Sie SAP-Standardtransaktionen für die Anzeige archivierter Belege nutzen. Wir werden dabei die Transaktion *FB03* (Beleg anzeigen) verwenden. Als Archivierungsobjekt wird FI_DOCUMNT herangezogen.

Zur Anzeige der archivierten Daten rufen Sie die Transaktion auf. Im Einstieg ist die Maske aus Abbildung 3.67 zu sehen.

Beleg anzeigen: Einstieg

Belegliste | Erste Position | Bearbeitungsoptionen

Schlüssel der Erfassungsicht

Belegnummer

Buchungskreis

Geschäftsjahr

Abbildung 3.67: Transaktion FB03 – Einstieg

Hier wählen Sie nun Ihre Selektionskriterien aus. Für die Transaktion *FB03* stehen Ihnen die Felder BELEGNUMMER, BUCHUNGSKREIS und GESCHÄFTSJAHR zur Verfügung.

Geben Sie Ihre Selektionskriterien ein, und bestätigen Sie Ihre Auswahl. Die Belege, die Ihren Kriterien entsprechen, werden jetzt angezeigt. Zusätzlich wird eine Meldung eingeblendet, die Sie darüber informiert, dass die Belege aus dem Archiv stammen (Abbildung 3.68).

Abbildung 3.68: Meldung – archivierter Beleg

Datenquelle selektieren

Bei manchen SAP-Standardtransaktionen kann es vorkommen, dass Sie die Datenquelle selektieren müssen, beispielsweise bei der Nutzung der SAP-Standardtransaktion *FBL5N* (Debitoren Einzelposten). In solch einem Fall wählen Sie das ARCHIV zum Anzeigen der archivierten Belege aus. Dabei können Sie entweder das ARCHIVINFORMATIONSSYSTEM nutzen oder aber die DATEIEN MANUELL WÄHLEN (Abbildung 3.69). Wir raten dazu, sich für das Archivinformationssystem zu entscheiden, da es einen Direktzugriff besitzt.

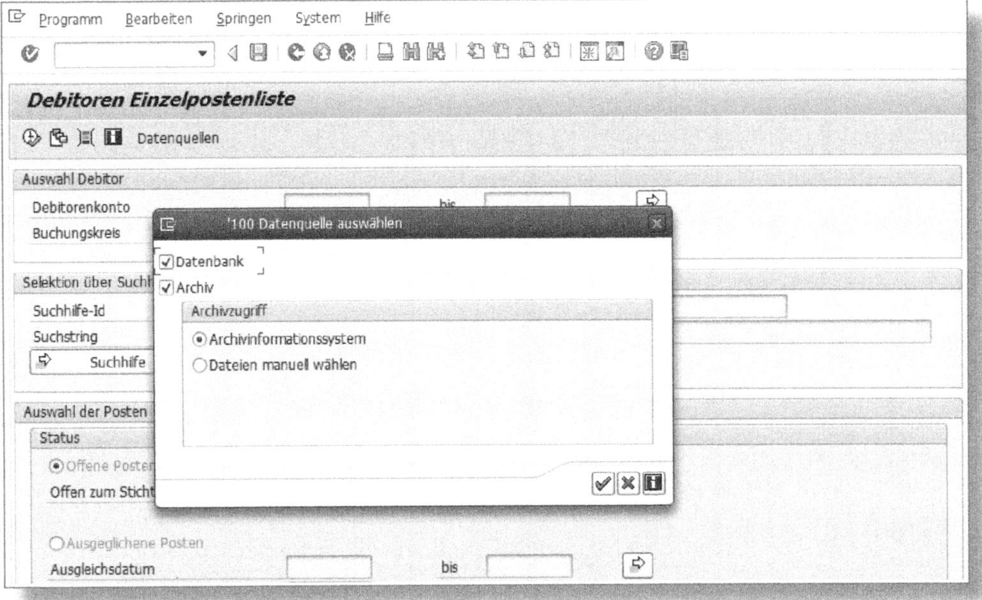

Abbildung 3.69: Auswahl der Datenquelle

3.3.3 Document Relationship Browser (DRB)

Belegflussketten können bei der Archivierung verloren gehen. Möchten Sie sich Belegflussketten archivierter Belege anzeigen lassen, können Sie den *Document Relationship Browser (DRB)* nutzen. Er ist nicht allein für die Anzeige archivierter Daten gedacht, sondern ermöglicht es auch, betriebswirtschaftliche Abläufe bzw. den Belegfluss nachzuvollziehen. Der DRB wird mit der Transaktion *ALO1* aufgerufen, er gestattet es, Suchen nach Belegen mit Verknüpfungen durchzuführen.

Auch hierfür möchten wir archivierte Finanzbuchhaltungsbelege als Beispiele nutzen. Rufen Sie zu diesem Zweck die Transaktion *ALO1* auf. Im Einstiegspunkt wählen Sie die Art der Belege aus. In unserem Kontext markieren Sie unter dem Punkt RECHNUNGSWESEN das Feld BUCHHALTUNGSBELEGE (Abbildung 3.70).

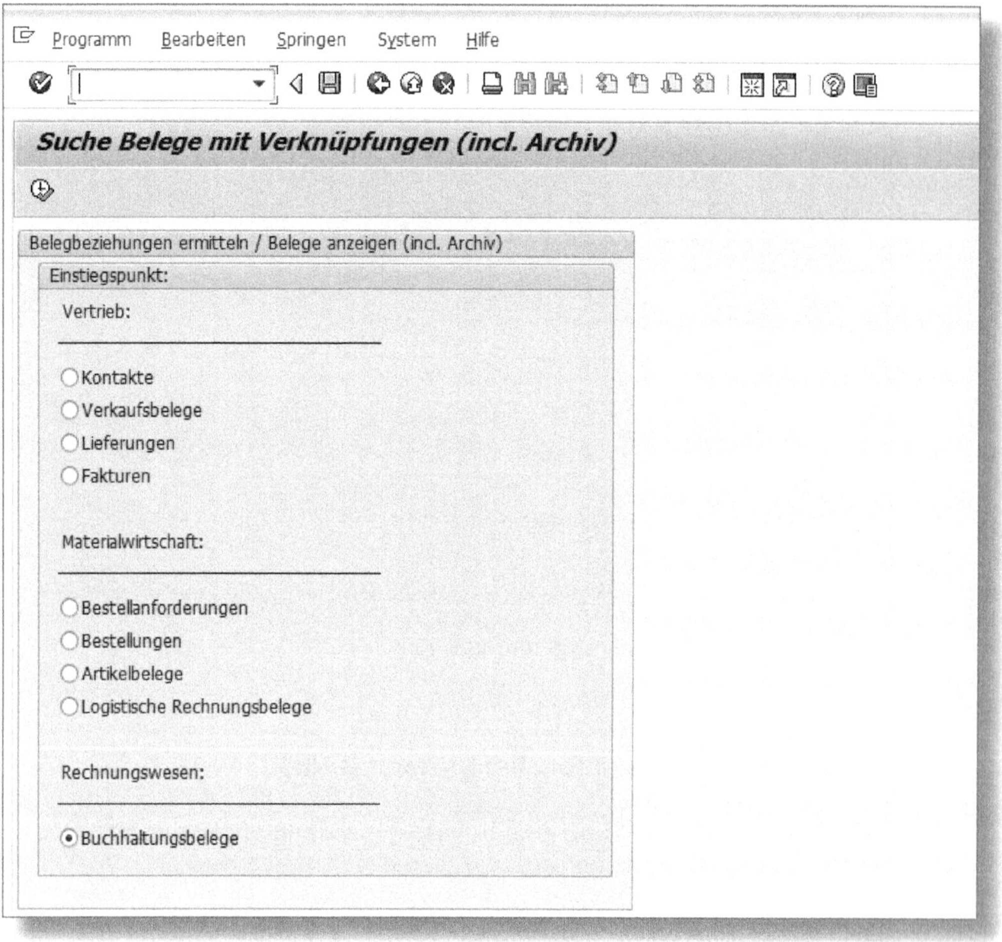

Abbildung 3.70: Transaktion AL01 – Einstieg

Bestätigen Sie Ihre Auswahl durch einen Klick auf den Ausführen-Button, erscheint eine Selektionsmaske zu Buchhaltungsbelegen mit verschiedenen Auswahlmöglichkeiten (Abbildung 3.71).

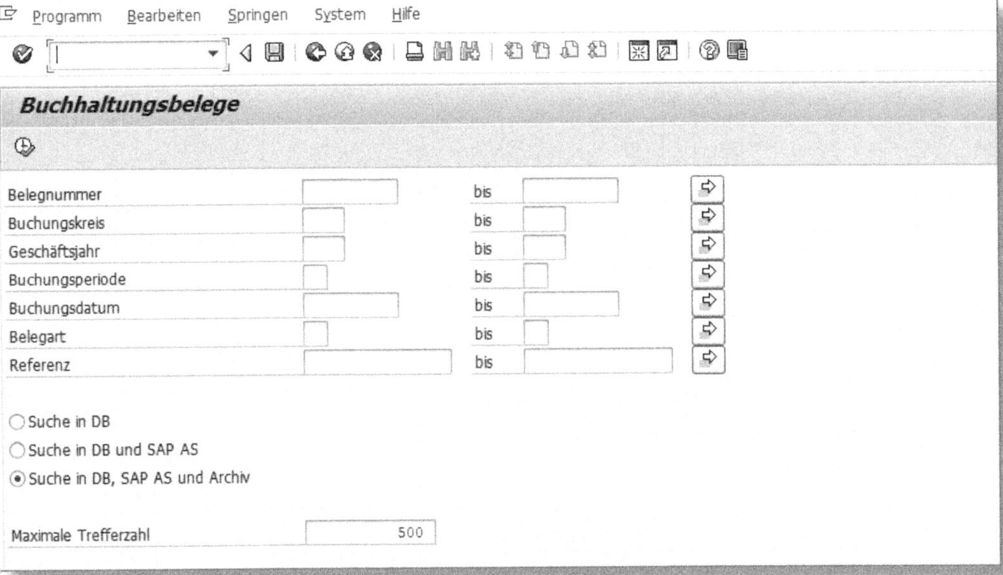

Abbildung 3.71: Transaktion ALO1 – Selektionsmaske

Unterhalb der spezifischen Auswahlfelder können Sie alternativ aktivieren:

- SUCHE IN DB
- SUCHE IN DB UND SAP AS
- SUCHE IN DB, SAP AS UND ARCHIV

Um im Archiv nach einem Belegfluss zu suchen, wählen Sie das Letztere aus, und bestätigen Sie.

Ihnen wird nun der Belegfluss zu denjenigen archivierten Daten angezeigt, die Ihrer Selektion entsprechen (Abbildung 3.72).

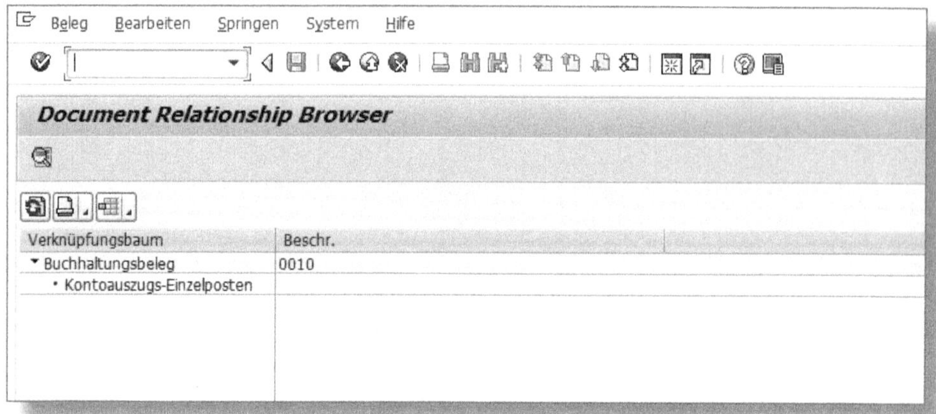

Abbildung 3.72: Transaktion AL01 – Anzeige Belegfluss

Um Details einzusehen, führen Sie einen Doppelklick auf den gewünschten Beleg aus. Sie erhalten eine Anzeige wie in Abbildung 3.73, was im Falle unseres Beispiels ein Absprung zur Transaktion FB03 ist.

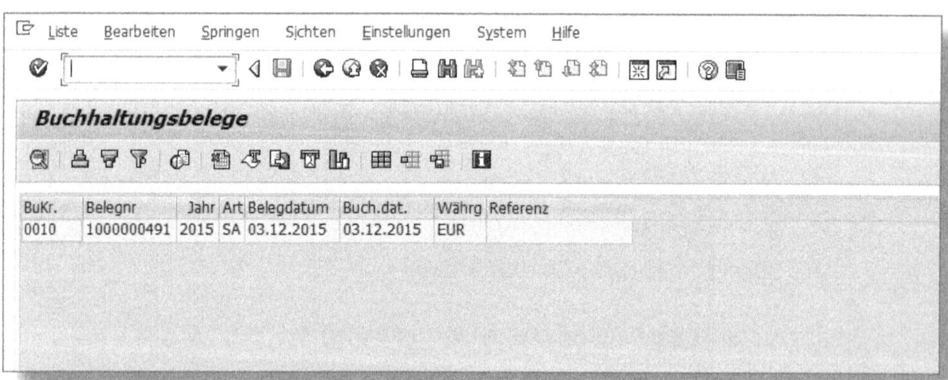

Abbildung 3.73: Anzeige der Belege

Add-ons

Nicht alle Transaktionen bieten einen Archivzugriff in guter Qualität. Für die Lösung dieses Problems haben verschiedene Anbieter Add-ons entwickelt, deren Einsatz aber oft mit hohen Kosten verbunden ist. Wir empfehlen Ihnen daher, genau abzuwägen, ob sich diese Investition für Ihren Anwendungsfall lohnt.

Kundeneigene Transaktionen

Außerhalb der SAP-Zugriffsoptionen können Sie kundenspezifische Zugriffe für eine Einsicht in archivierte Daten heranziehen. Da es sich hierbei um individuelle Entwicklungen handelt, gehen wir auf diesen Aspekt nicht weiter ein. Auch in diesem Fall spielt die Höhe der Investition eine große Rolle; die Entwicklungstätigkeiten sind meist kostenintensiver als eine Schulung der Anwender in SAP-Standardmethoden.

3.4 Vernichtung der Archivdateien

Die *Vernichtung der Archivdateien* darf nicht mit dem Löschen der Daten aus der Datenbank verwechselt werden. Im zweiten Fall haben Sie diese im Rahmen der SAP-Datenarchivierung vorher in einem Schreiblauf als Archivdateien gesichert. Diese Daten bleiben dann bis zum Ende der Aufbewahrungsfrist in Ihrer Ablage für Archivdateien. Nach Ablauf dieser Frist erfolgt die endgültige Vernichtung der Daten, damit Ihr Archivsystem entlastet wird.

In der klassischen SAP-Datenarchivierung gibt es keine Funktion, die das Vernichten der Daten übernimmt. Im SAP-Standard sind keine Programme hierfür vorgesehen. Die meisten Archivsysteme verfügen jedoch über einen automatischen Ablauf, der Daten nach der Aufbewahrungsfrist vernichtet, sofern dies entsprechend eingestellt wurde. Alternativ lassen sich die Daten auch manuell vernichten..

Haben Sie Ihre Daten auf dem Dateisystem abgelegt, können Sie dort eine manuelle Vernichtung durchführen. Hierzu identifizieren Sie die physischen Dateinamen und vernichten die entsprechenden Daten in den Verzeichnissen.

Diese Aufgabe können Sie im Rahmen eines gut geplanten Monitorings sicher durchführen. Beauftragen Sie damit idealerweise einen

Mitwirkenden in Ihrem Projekt, damit Sie die Kontrolle über die Größe Ihres Archivsystems behalten. Der Speicherplatz in Archivsystemen ist zwar günstiger als derjenige in Ihrer SAP-Datenbank, allerdings sollten Sie die Kosten nicht unterschätzen und eine geregelte Vernichtung verfolgen.

Die automatische Vernichtung der Archivdateien ist in SAP dennoch möglich; mit dem Information Lifecycle Management (ILM) erfolgt dieser Vorgang automatisiert. SAP ILM befolgt, wenn die entsprechenden Regelwerke gepflegt wurden, bestimmte Kriterien für die Löschung und führt diese teilautomatisch durch, indem die Archivdateien in einem Löschvorrat bereitgestellt werden. Mehr zum Thema SAP ILM erfahren Sie in Abschnitt 4.1.

3.5 Ausführung der Datenarchivierung

Sie sind an dieser Stelle, die SAP-Datenarchivierung betreffend, konzeptionell perfekt vorbereitet, Ihr Projekt durchzuführen. Sie haben die verschiedenen Anforderungen aus technischer, fachlicher und gesetzlicher Perspektive kennengelernt. Die relevanten Punkte hinsichtlich der Projektplanung konnten Sie sich – inklusive unserer Empfehlungen – ebenfalls aneignen, sodass Sie Ihr individuelles Archivierungskonzept erstellen können.

In diesem Kapitel haben wir Ihnen gezeigt, wie Sie das technische Set-up einrichten. Damit sind Sie in der Lage, eine geeignete Ablageoption auszuwählen und diese einzustellen. Neben dem technischen Set-up bzw. dem Basis-Customizing haben Sie das archivierungsobjektspezifische und das anwendungsspezifische Customizing kennengelernt, mittels dessen Sie Ihre fachlichen Anforderungen in die Einstellungen Ihres SAP-Systems übertragen. Wie die Archivierung systematisch abläuft und welche Aktionen in diesem Prozess durchzuführen sind, konnten Sie in der Archivadministration lernen. Dazu gehört das Erstellen einer oder mehrerer Archivdateien aus den Einträgen der Datenbanktabellen, das Ablegen dieser Archivdateien an den vorgesehenen Orten und die anschließende Löschung der Daten aus den Datenbanktabellen. Sie wissen zudem, auf welche Weise Sie Ihren Anwendern Zugriff auf archivierte Daten gewähren. Die verschiedenen Möglichkeiten hierzu, die je nach Anwendungsfall unterschiedlich ausfallen, haben wir Ihnen unter den Zugriffsoptionen erläutert. Diese Informationen sollten Sie zu Beginn Ihres Projekts den Anwendern weitergeben.

Damit ist Ihr SAP-Datenarchivierungsprojekt jedoch nicht abgeschlossen. Nach Ablauf der Aufbewahrungsfrist sollten Sie für die Vernichtung der Daten sorgen. In der Regel ist die Datenvernichtung der abschließende Schritt der SAP-Datenarchivierung. Bitte achten Sie hier auf eine sorgfältige Planung, da eine zu frühzeitige Vernichtung gegen gesetzliche Vorschriften verstoßen kann. Auch eine zu späte Vernichtung sollte vermieden werden. Wie wir Ihnen erläutert haben, müssen Sie auch Ihr Archivsystem pflegen und administrieren sowie vor einer Belastung durch irrelevante Daten verschonen. Mithilfe einer guten Planung und Ausführung erfüllen Sie nicht nur gesetzliche Anforderungen, sie sparen zudem Kosten für Speicherplatz in ihrem Archiv.

Damit Sie in der Praxis erfolgreich sind, bereiten wir Ihnen in diesem Abschnitt die Vorgehensweise bei der Ausführung der SAP-Datenarchivierung Schritt für Schritt auf. Wir nutzen dazu das Archivierungsobjekt BC_DBLOGS (Archivierung von Änderungen an Customizing-Tabellen). Es besteht aus Sicht des Archivierungsprozesses lediglich aus einem Schreib- und einem Löschprogramm. Dies ist die einfachste Form von Archivierungsobjekten.

Wir weisen an dieser Stelle darauf hin, dass der Ablauf der SAP-Datenarchivierung vom jeweiligen Archivierungsobjekt abhängig ist. Daher können die notwendigen Aktionen bzw. die Vor- und Nacharbeiten je nach Archivierungsobjekt abweichen.

Für unseren Leitfaden nehmen wir an, dass bereits das technische Setup gepflegt wurde. Als Ablageoption wurde ein externer Archivserver gewählt. Es existieren schon alle erforderlichen Berechtigungen, die uns die Funktionen der Archivadministration gewähren. Das archivierungsobjektspezifische Customizing wurde gepflegt und den Anforderungen angepasst. Für das Archivierungsobjekt BC_DBLOGS gibt es kein anwendungsspezifisches Customizing. Auch das Vorlauf- und Nachlaufprogramm sind für die Archivierung von Änderungen an Customizing-Tabellen nicht verfügbar. Es empfiehlt sich, wichtige Eigenschaften eines Archivierungsobjekts festzuhalten. Wir haben einige der zentralen Aspekte des Archivierungsobjekts BC_DBLOGS für Sie in Tabelle 3.1 zusammengefasst.

Merkmal	Beschreibung
Reihenfolge der Archivierung	Archivierungsobjekt BC_DBLOGS hat keine Abhängigkeiten
Tabellen, aus denen archiviert wird	DBTABLOG (Protokollsätze zu Tabellenänderungen)
Kriterien, Prüfungen bzw. Vorbereitungen für die Archivierung	keine Vorbereitungen zum Ausführen des Schreib- und Löschprogramms notwendig
Archivzugriff	Standardtransaktionen mit Archivzugriff: *SCU3* (Tabellenhistorie anzeigen), Alternativanzeige über die Transaktion *SARE*

Tabelle 3.1: Merkmale des Archivierungsobjekts BC_DBLOGS

Sie finden alle Programme, die für das Archivierungsobjekt BC_DBLOGS verfügbar sind, in der Transaktion *AOBJ*. Wir haben diese für Sie in Tabelle 3.2 zusammengestellt.

Aktion	Beschreibung	Report
Vorlauf/Prüfen	Für dieses Archivierungsobjekt nicht verfügbar	Für dieses Archivierungsobjekt nicht verfügbar
Schreiben	Archivierung von Änderungen an Customizing-Tabellen: Schreibprogramm	BC_DBLOGS_WRI
Löschen	Archivierung von Änderungen an Customizing-Tabellen: Löschprogramm	RSLDARCH02
Rückladen	Für dieses Archivierungsobjekt nicht verfügbar	Für dieses Archivierungsobjekt nicht verfügbar

Aktion	Beschreibung	Report
Lesen/Auswerten	Archivierung von Änderungen an Customizing-Tabellen: Leseprogramm	RSLDARCH03
Nachlaufprogramm	Für dieses Archivierungsobjekt nicht verfügbar	Für dieses Archivierungsobjekt nicht verfügbar

Tabelle 3.2: Verfügbare Programme für BC_DBLOGS

Nachdem wir nun wissen, welche Programme verfügbar sind, können wir die für die SAP-Datenarchivierung notwendigen Aktionen Schritt für Schritt in der richtigen Reihenfolge abarbeiten. Wir haben für BC_DBLOGS ein Schreib-, ein Lösch- und ein Leseprogramm. Unter Berücksichtigung der Reihenfolge werden wir somit zuerst einen Schreiblauf und im Anschluss einen Löschlauf starten.

Wir beginnen mit den Archivierungsaktionen. Dafür rufen wir die Transaktion *SARA* auf (Abbildung 3.74).

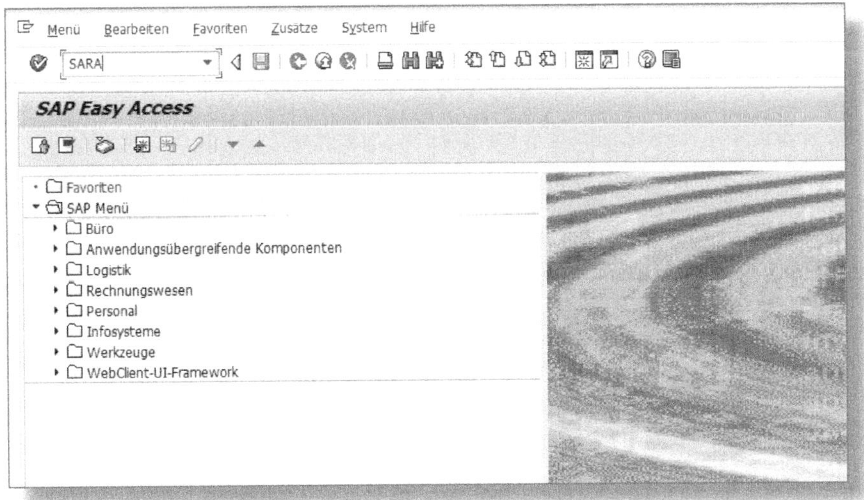

Abbildung 3.74: Aufruf Transaktion SARA

Wir gelangen in die Archivadministration, die Sie bereits kennen. Tragen wir unser Archivierungsobjekt *BC_DBLOGS* ein und bestätigen mit der [Enter]-Taste, zeigt uns die Archivadministration die verfügbaren Programme bzw. Aktionen anhand der eingeblendeten Buttons unter AKTIONEN an (Abbildung 3.75).

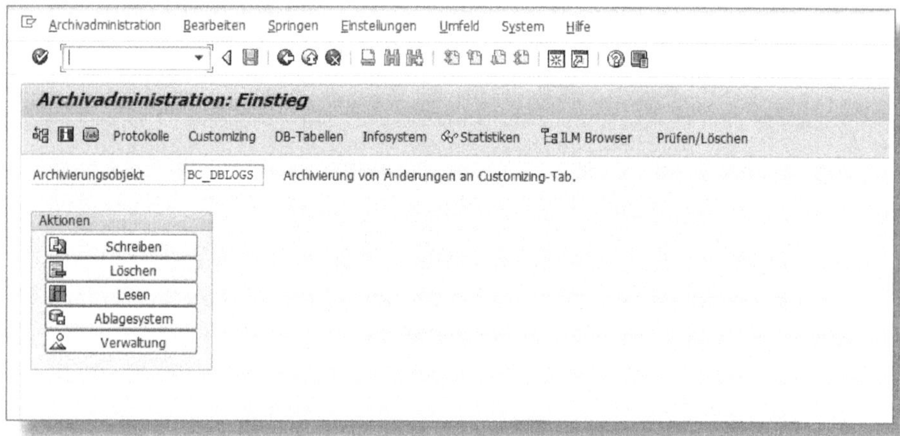

Abbildung 3.75: Transaktion SARA – Einstieg und Auswahl des Archivierungsobjekts

Bevor wir mit der Durchführung beginnen, prüfen wir nochmals das Customizing, in das wir über die Transaktion *SARA* springen. Da es für das Archivierungsobjekt BC_DBLOGS nur das archivierungsobjektspezifische Customizing gibt, kontrollieren wir die entsprechenden Einstellungen. Für das Archivierungsobjekt BC_DBLOGS wurde das in Abbildung 3.76 sichtbare Customizing gepflegt.

Als logischer Dateiname ist die im Standard vorhandene und voreingestellte Bezeichnung ARCHIVE_DATA_FILE ausgewählt. Dahinter verbergen sich der physische Dateiname mit den Standardparametern und das Austauschverzeichnis. Die MAXIMALE GRÖSSE IN MB der Archivdateien haben wir auf *200* begrenzt, da wir diesen Wert als optimalen Umfang für unser Anwendungsbeispiel ermittelt haben.

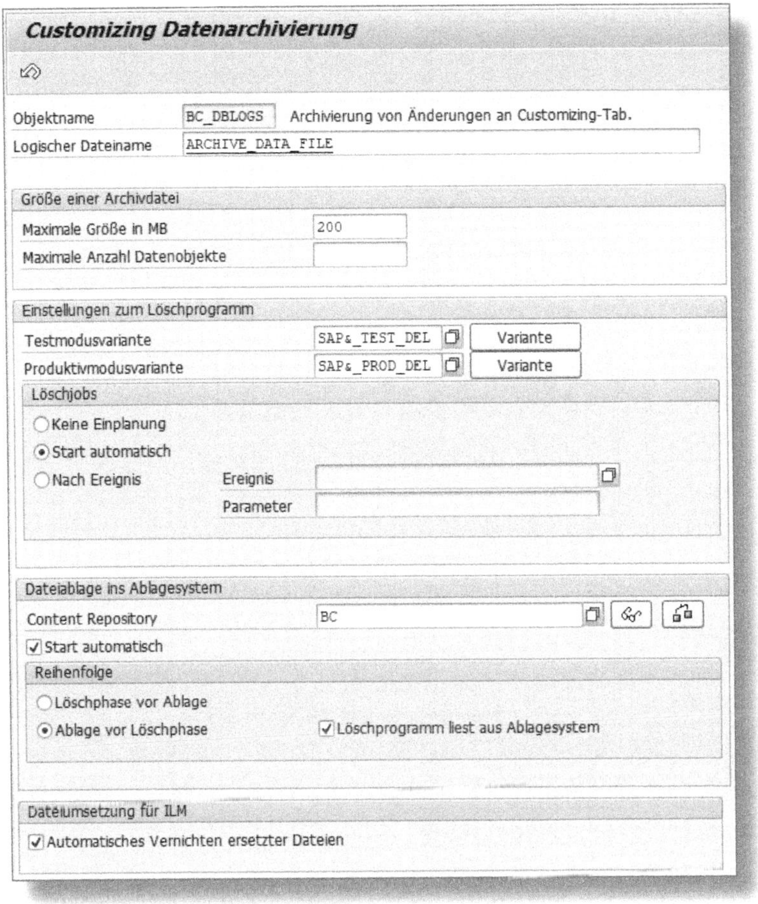

Customizing Datenarchivierung

Objektname BC_DBLOGS Archivierung von Änderungen an Customizing-Tab.
Logischer Dateiname ARCHIVE_DATA_FILE

Größe einer Archivdatei
Maximale Größe in MB 200
Maximale Anzahl Datenobjekte

Einstellungen zum Löschprogramm
Testmodusvariante SAP&_TEST_DEL Variante
Produktivmodusvariante SAP&_PROD_DEL Variante
Löschjobs
Keine Einplanung
Start automatisch
Nach Ereignis Ereignis
Parameter

Dateiablage ins Ablagesystem
Content Repository BC
Start automatisch
Reihenfolge
Löschphase vor Ablage
Ablage vor Löschphase Löschprogramm liest aus Ablagesystem

Dateiumsetzung für ILM
Automatisches Vernichten ersetzter Dateien

Abbildung 3.76: Archivierungsobjektspezifisches Customizing BC_DBLOGS

Die automatische Ausführung des Löschjobs im Anschluss an den Schreibjob haben wir durch die Auswahl START AUTOMATISCH im Bereich LÖSCHJOBS festgelegt.

Unter DATEIABLAGE INS ABLAGESYSTEM haben wir eine automatische Ablage der Archivdatei im Ablagesystem vorgesehen. Wir haben zum einen das gepflegte Content Repository für das Modul *BC* eingegeben, das wir in Abschnitt 3.1.2 erstellt haben, und zum anderen das Häkchen bei START AUTOMATISCH gesetzt, damit der Ablagejob nach dem Schreiblauf ohne unser Zutun beginnt.

Die Auswahl ABLAGE VOR LÖSCHPHASE stellt sicher, dass die Archivdatei im Ablagesystem hinterlegt sein muss, bevor die Daten aus der Datenbank gelöscht werden können.

Nach Prüfung und Einstellung des Customizings können wir mit dem Schreiblauf beginnen. Dazu springen wir erneut in die Transaktion *SARA* (Abbildung 3.77).

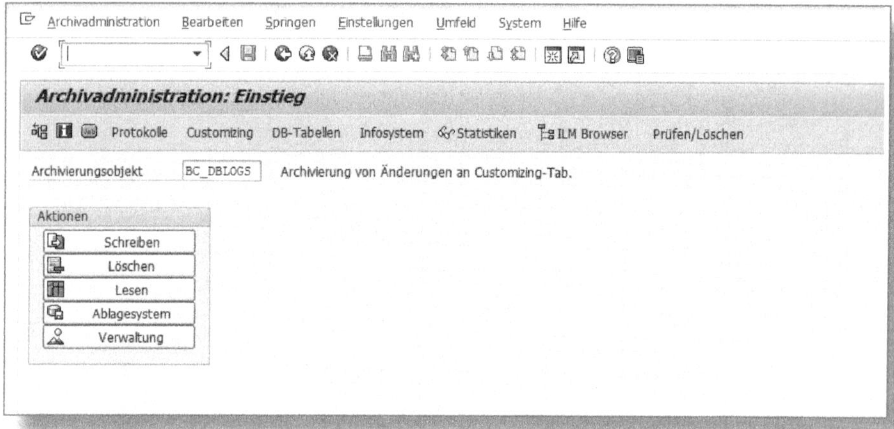

Abbildung 3.77: Transaktion SARA – Archivierungsaktionen

Hier klicken wir auf den Button [Schreiben] und gelangen so in das Schreibprogramm (Abbildung 3.78).

Wie Sie bereits in Abschnitt 3.2 erfahren haben, werden die Archivdateien anhand von Varianten erstellt. Die Variantenpflege findet in der Aktion SCHREIBEN statt. Die Erstellung der Variante beginnt mit dem Vergeben eines Namens für sie im Feld VARIANTE. In unserem Beispiel nennen wir sie T_PROTOTYP.

Zur Pflege der Selektionskriterien in der Variante klicken wir auf den Button [Pflegen]. Dabei müssen wir ggf. entscheiden, welche Selektionsbilder dafür ausgewählt werden sollen (Abbildung 3.79).

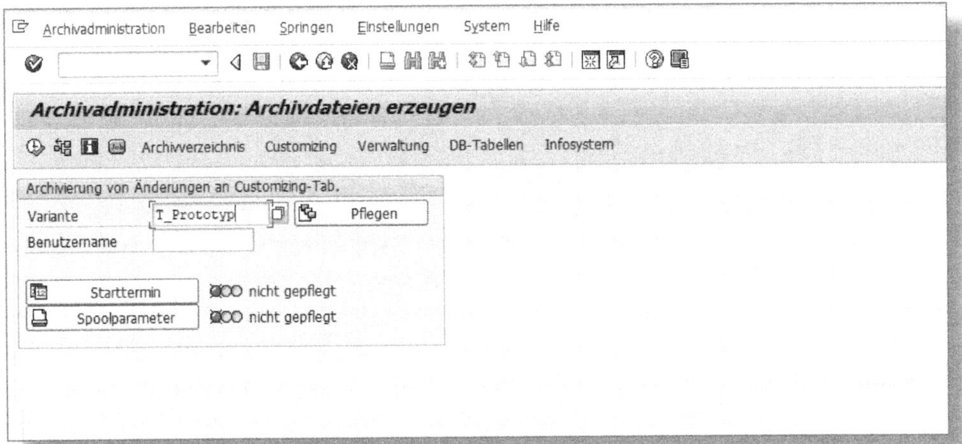

Abbildung 3.78: Schreiblaufvariante erstellen

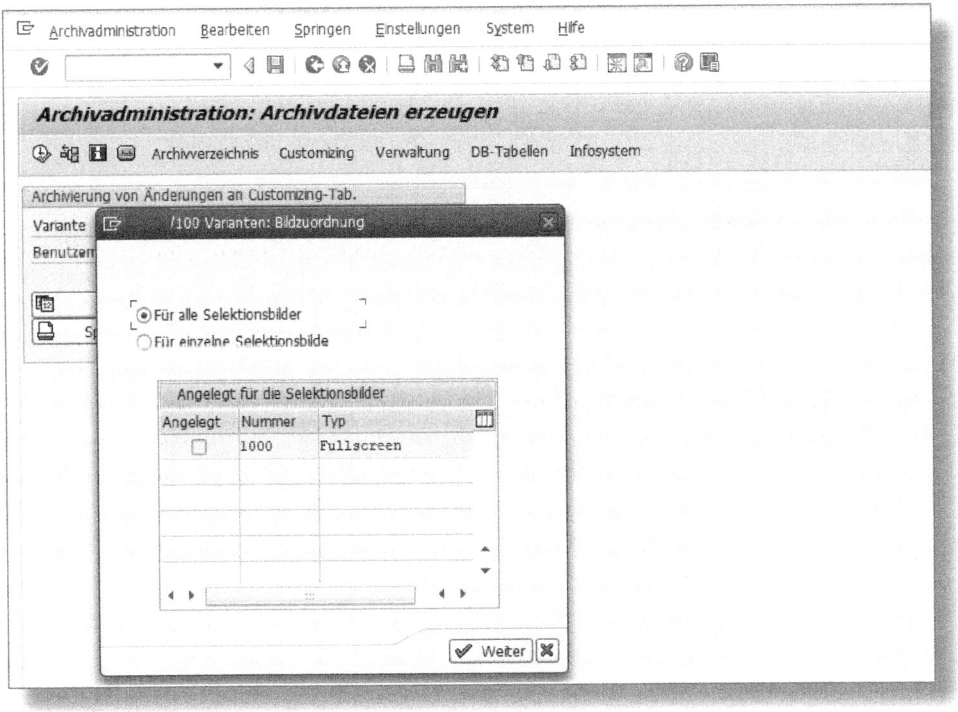

Abbildung 3.79: Auswahl der Selektionsbilder

Wir treffen hier die Auswahl FÜR ALLE SELEKTIONSBILDER. Es wäre alternativ möglich, sich nur für eines der uns zur Verfügung stehenden Selektionsbilder zu entscheiden. Wir empfehlen Ihnen aber stets FÜR ALLE SELEKTIONSBILDER auszuwählen, um alle Selektionskriterien in einem Bild anzeigen zu lassen.

Anschließend bestätigen wir unsere Eingabe und klicken auf WEITER, um in die Variantenpflege der Aktion SCHREIBEN zu gelangen. Hier stehen verschiedene Selektionskriterien zur Wahl.

Die Selektionsmasken für die einzelnen Archivierungsobjekte sind unterschiedlich. Wir empfehlen Ihnen, sich mit den Selektionskriterien der Archivierungsobjekte zu beschäftigen. Beraten Sie sich mit den zuständigen Fachbereichen, um hier die Anlage der Varianten nach deren Vorgaben anzupassen. Anhand der Kriterien können Sie die Daten einschränken, die Sie im Schreiblauf berücksichtigen möchten. Alle Daten aus den Datenbanktabellen, die Ihren Kriterien entsprechen, werden bei Ausführung des Schreiblaufs in die dabei erstellte Archivdatei geschrieben.

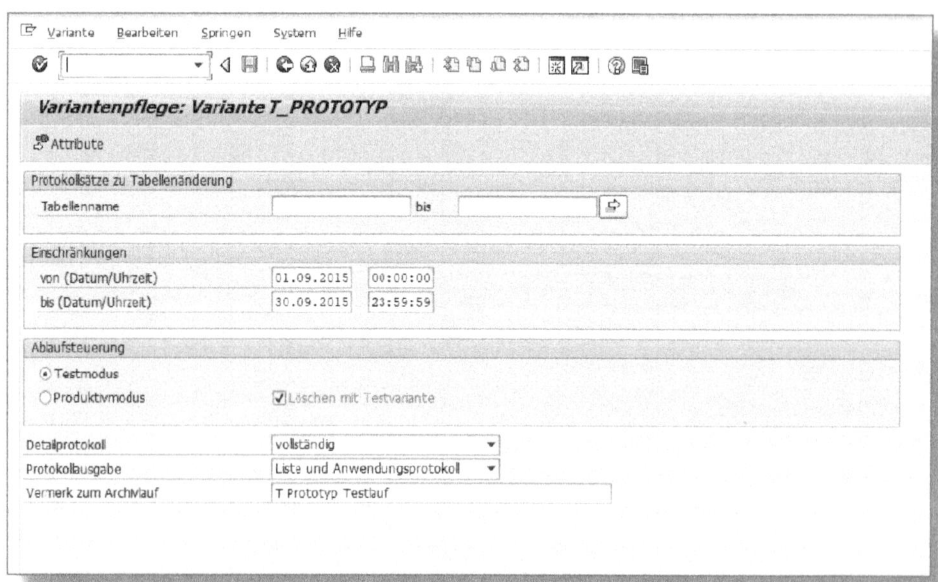

Abbildung 3.80: Variantenpflege im Schreiblauf

In unserem Beispiel, dem Archivierungsobjekt BC_DBLOGS, möchten wir alle Änderungen an Customizing-Tabellen für den Zeitraum vom *01.09.2015* bis *30.09.2015* archivieren (Abbildung 3.80). Daher lassen wir die Selektionsauswahl für den TABELLENNAMEN leer und springen zu den EINSCHRÄNKUNGEN als Selektionskriterium. Da es für das Archivierungsobjekt BC_DBLOGS kein anwendungsspezifisches Customizing gibt, ist die zeitliche Eingrenzung besonders wichtig. Für unseren Schreiblauf ist also der Monat September des Jahres 2015 das einzig relevante Kriterium.

Falls Sie Tabellen in seperate Archivierungsdateien ablegen möchten, könnten Sie Tabellennamen zusätzlich als weiteres Kriterium für BC_DBLOGS auswählen.

Wir entscheiden uns bei der ABLAUFSTEUERUNG zunächst für den TESTMODUS. Dadurch wird der Archivierungslauf lediglich simuliert. Die selektierten Daten werden erst produktiv geschrieben, wenn wir in den PRODUKTIVMODUS wechseln. Unter dem Punkt DETAILPROTOKOLL wählen wir aus, dass dieses *vollständig* ausgegeben werden soll. Auf diese Weise erhalten wir nicht nur eine Erfolgsmeldung, sondern sämtliche Daten in einem Spool. Die PROTOKOLLAUSGABE soll anhand von *Liste und Anwendungsprotokoll* erfolgen. Zusätzlich können Sie zur späteren Zuordnung das Feld VERMERK ZUM ARCHIVLAUF pflegen. Wir geben In unserem Beispiel *T Prototyp Testlauf* ein. Alternativ wäre ein sinnvoller Vermerk beispielsweise »BC_DBLOGS September 2015«. Damit hätten Sie Ihre Selektionskriterien mithilfe des Vermerks beschrieben und könnten in der Verwaltung auf einen Blick erkennen, welche Daten in den Archivdateien enthalten wären.

Bevor wir unsere Schreiblaufvariante speichern können, müssen wir die Variantenattribute pflegen. So legen wir fest, welche Attribute der Variante zugeordnet werden sollen (Abbildung 3.81).

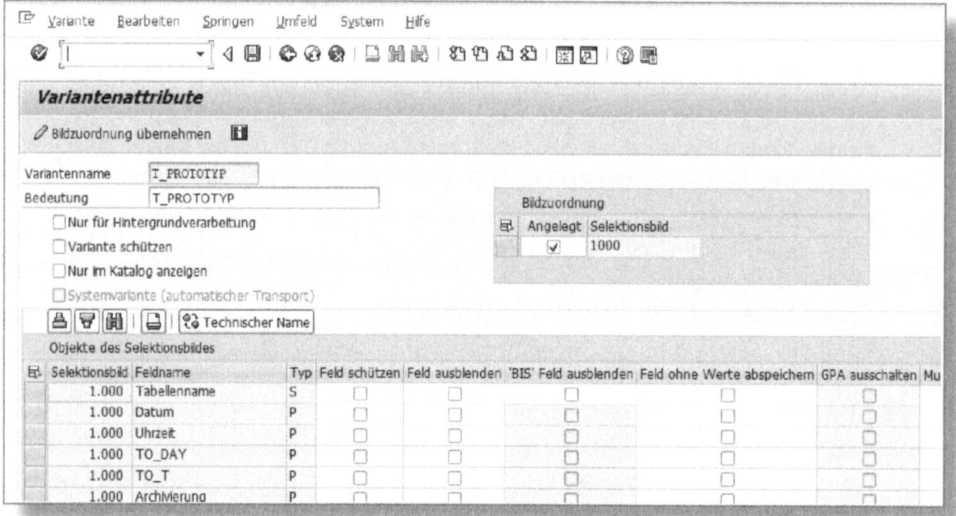

Abbildung 3.81: Pflege der Variantenattribute

Folgende Attribute stehen zur Wahl:

- NUR FÜR HINTERGRUNDVERARBEITUNG
- VARIANTE SCHÜTZEN
- NUR IM KATALOG ANZEIGEN

Für uns ist keines dieser Attribute relevant, weshalb wir diese nicht ankreuzen. Allerdings müssen wir unserer Attributauswahl eine BEDEUTUNG geben. Der Einfachheit halber tragen wir hier den Variantennamen *T_PROTOTYP* in das entsprechende Feld ein.

Nach der Eingabe speichern wir unsere Attributpflege mit einem Klick auf und gelangen zurück in unsere Variantenpflege aus Abbildung 3.80. Auch in der Selektionsmaske der Variantenpflege klicken wir auf , um unsere Variante zu sichern. Anschließend gelangen wir über den Zurück-Button in die Aktion SCHREIBEN. Erscheint die Meldung VERLASSEN DER WERTEPFLEGE, müssen wir mit einem Klick auf JA bestätigen, dass unsere Werte gesichert werden sollen.

☛ Varianten wiederverwenden

Die von Ihnen genutzten Varianten werden gespeichert. Bereits verwendete Varianten lassen sich erneut nutzen, indem Sie den Variantennamen in das entsprechende Feld eintragen. Für Ihre nächsten Schreibläufe können Sie vorhandene Varianten kopieren oder ändern.

Nachdem wir unsere Variante gepflegt haben, müssen wir uns noch um den Starttermin sowie die Spoolparameter kümmern (Abbildung 3.82).

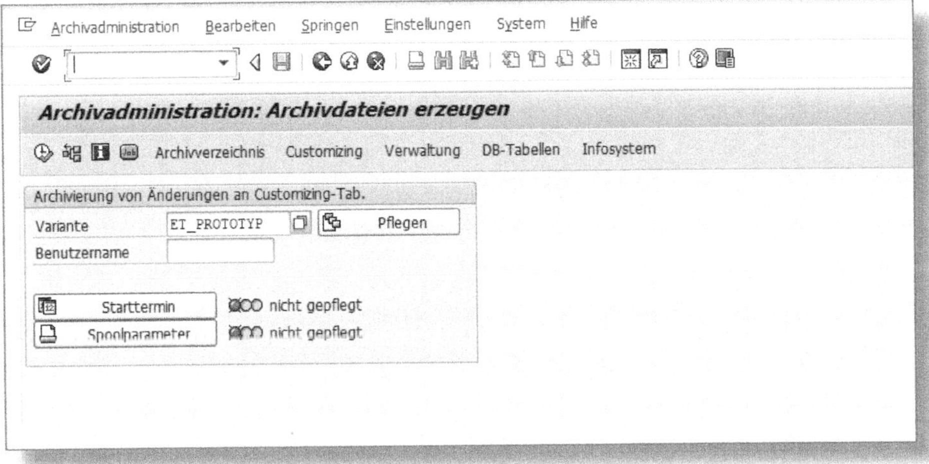

Abbildung 3.82: Schreiblauf starten

Wir brauchen hierzu unseren Benutzernamen, der jedoch mit dem Aufrufen der Aktion SCHREIBEN automatisch mit dem Benutzer des Anwenders voreingestellt ist.

Wir klicken zuerst auf den Button [Starttermin]. Es erscheint das Fenster STARTTERMINWERTE (Abbildung 3.83).

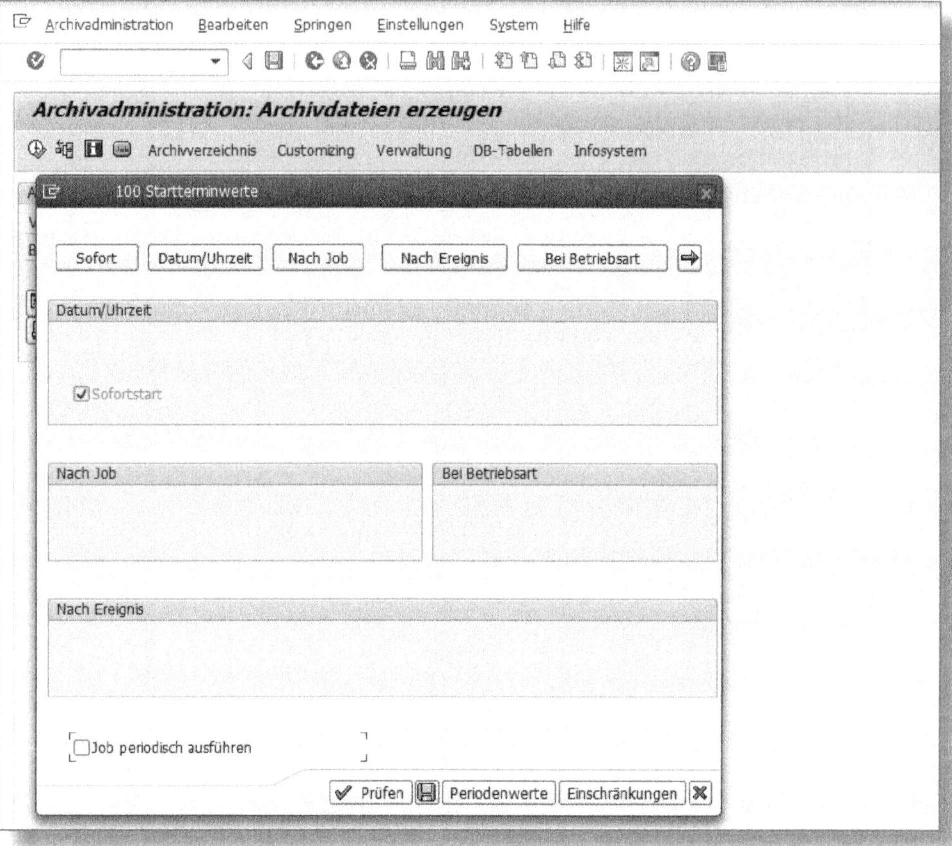

Abbildung 3.83: Eingabe der Startterminwerte

Zur Auswahl des Starttermins stehen uns folgende Optionen zur Verfügung:

- SOFORT
- DATUM/UHRZEIT
- NACH JOB
- NACH EREIGNIS
- BEI BETRIEBSART

Eine weitere Option zur Auswahl des Startdatums, und zwar ARBEITSTAG/UHRZEIT, ist ebenfalls gegeben. Zu dieser gelangen Sie, wenn Sie auf den Pfeil neben den gelisteten Optionen klicken.

Da wir unseren Job sofort starten möchten, klicken wir auf den Button [Sofort] und danach auf [✔ Prüfen]. Im Anschluss speichern wir unseren Startterminwert mit dem Button [💾]. Haben wir den Startterminwert gesichert, wird das entsprechende Icon grün gekennzeichnet und mit GEPFLEGT beschrieben.

Planung periodischer Jobs

Mit der Auswahl JOB PERIODISCH AUSFÜHREN können Sie die von Ihnen angelegte Variante periodisch einplanen. Das ist hilfreich, wenn Sie Schreibjobs für Archivierungsobjekte bzw. Tabellen ausführen möchten, die ein sehr großes Datenaufkommen haben und deren Archivierung regelmäßig erfolgen soll.

Im nächsten Schritt pflegen wir noch die Spoolparameter. Wir klicken auf den entsprechenden Button [Spoolparameter] und sehen verschiedene Felder und Auswahlmöglichkeiten im Fenster HINTERGRUND-DRUCKPARAMETER (Abbildung 3.84).

Wir können die voreingestellten Werte prinzipiell übernehmen und den Button [✔ Weiter] betätigen. Die Spooldateien verbleiben in der Regel acht Tage im System. Sollte – welchen Umständen auch immer geschuldet – eine längere Aufbewahrung erforderlich sein, empfehlen wir eine Ablage im Archivsystem. Hierfür müssen Sie im ersten Schritt einen Drucker angeben. Wir haben den im Standard enthaltenen Drucker *LP01* als AUSGABEGERÄT gewählt (Abbildung 3.85).

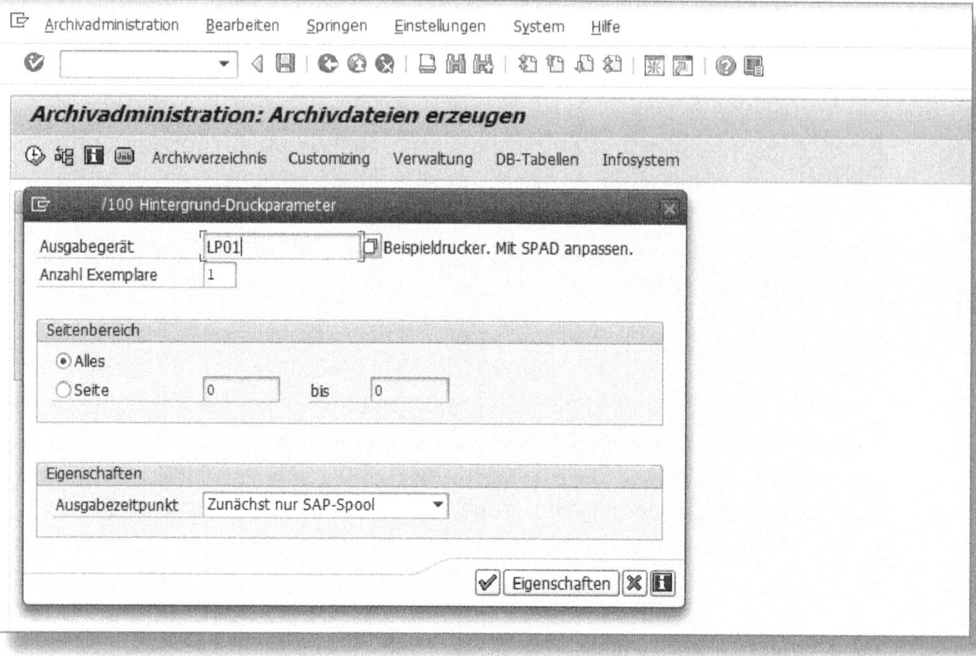

Abbildung 3.84: Spoolauftrag – Parameter pflegen

> **Ablage von Spooldateien**
>
> Das Drucken der Spooldateien in Papierform empfehlen wir nicht, da diese meistens sehr groß sind und eventuell Hunderte Seiten umfassen. Stattdessen können Sie die Spooldateien für spätere Auswertungen auch in Ihrem Archiv ablegen.

Mit einem Klick auf den Button Eigenschaften können Sie Details zu dem ausgewählten Spoolauftrag einsehen und die Parameter anpassen.

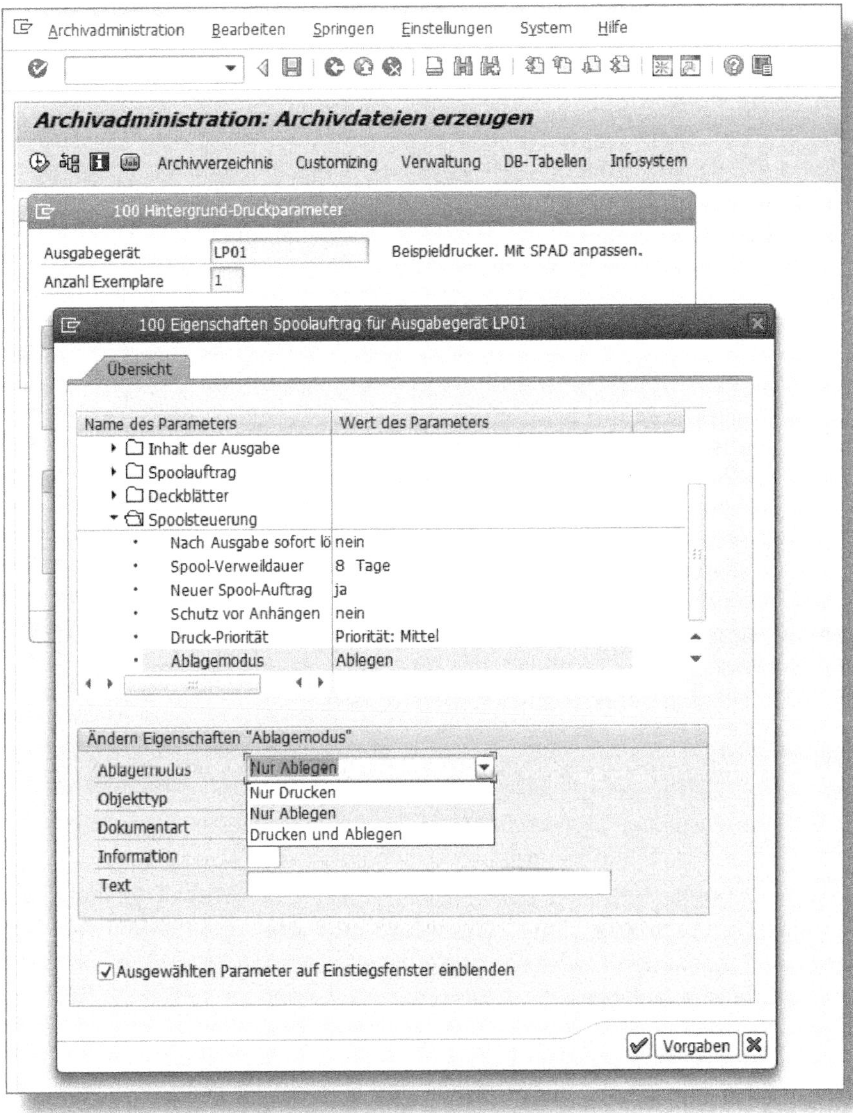

Abbildung 3.85: Einstellung des Ausgabegeräts

In unserem Beispiel möchten wir festsetzen, dass die Drucklisten nicht gedruckt, sondern nur abgelegt werden. Diese Einstellung nehmen wir vor, indem wir unter dem Ordner SPOOLSTEUERUNG den Punkt ABLAGEMODUS mit einem Doppelklick anwählen. Es wird ein Fenster angezeigt, das die Eigenschaften zu Spoolaufträgen mit dem ausgewählten Drucker aufführt. Wir wählen im Menübereich NAME DES PARAMETERS aus und klicken auf ABLAGEMODUS. Hier können wir nun die Vorgabe von NUR DRUCKEN auf NUR ABLEGEN ändern. Haben wir diese Auswahl getroffen, werden uns weitere Parameter eingeblendet (Abbildung 3.86):

- OBJEKTTYP
- DOKUMENTART
- INFORMATION
- TEXT

Die Spoolaufträge werden in Form von Drucklisten im Archiv abgelegt. Für Drucklisten sind im SAP-Standard die beiden OBJEKTTYPEN *DRAW* und *SOOD* hinterlegt. Als DOKUMENTART können Sie die ebenfalls schon im SAP-Standard enthaltene Dokumentart *D01* mit dem Dokumenttyp *ALF* für Drucklisten auswählen. Das ist ein klassischer Dokumenttyp, in dem Drucklisten generell ausgegeben werden.

Dokumentart für Drucklisten anlegen

Sie können in der Transaktion *OAC2* eine neue Dokumentart für Drucklisten definieren und in der Transaktion *OAC3* zur Ablage in einem Content Repository zuordnen. Falls Sie die Drucklisten für Auswertungszwecke lange aufbewahren möchten, empfehlen wir, in der Transaktion *OAC0* ein gesondertes Content Repository für Drucklisten anzulegen.

Im Feld INFORMATION können wir ein Kürzel eintragen, damit sich die Drucklisten später zuordnen lassen. Für das Archivierungsobjekt BC_DBLOGS geben wir gemäß dem zugehörigen Modul das Kürzel *BC* an. Im Textfeld ließe sich zusätzlich eine Beschreibung vergeben, sofern wir einen Vermerk zu unserem Spoolauftrag eingeben möchten.

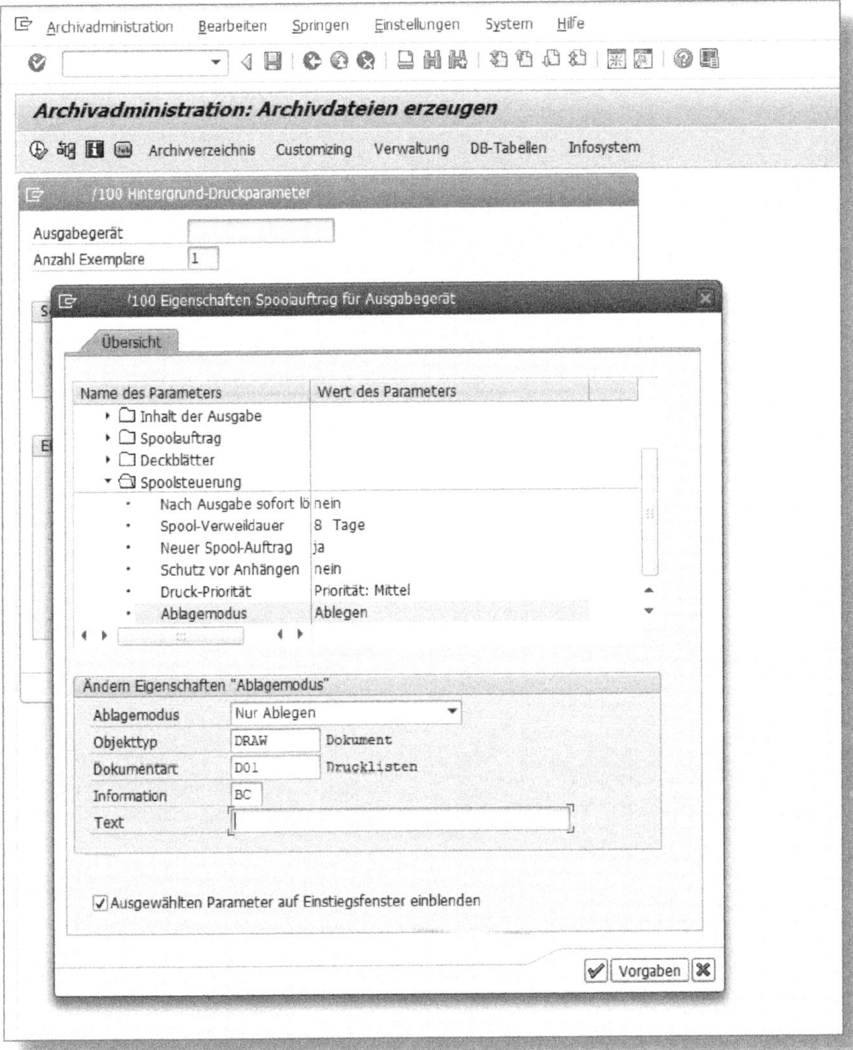

Abbildung 3.86: Pflege des Ablagemodus

Wir setzen im unteren Bereich das Häkchen für das Feld AUSGEWÄHLTEN PARAMETER AUF EINSTIEGSFENSTER EINBLENDEN. Auf diese Weise werden für künftige Archivierungsläufe die von uns eben eingegebenen Feldinhalte zu den Druckparametern im Einstiegsfenster für Spoolaufträge voreingestellt.

Wir bestätigen unsere Eingabe mit einem Klick auf den Button ✅ und gelangen zurück in das Fenster HINTERGRUND-DRUCKPARAMETER (Abbildung 3.87).

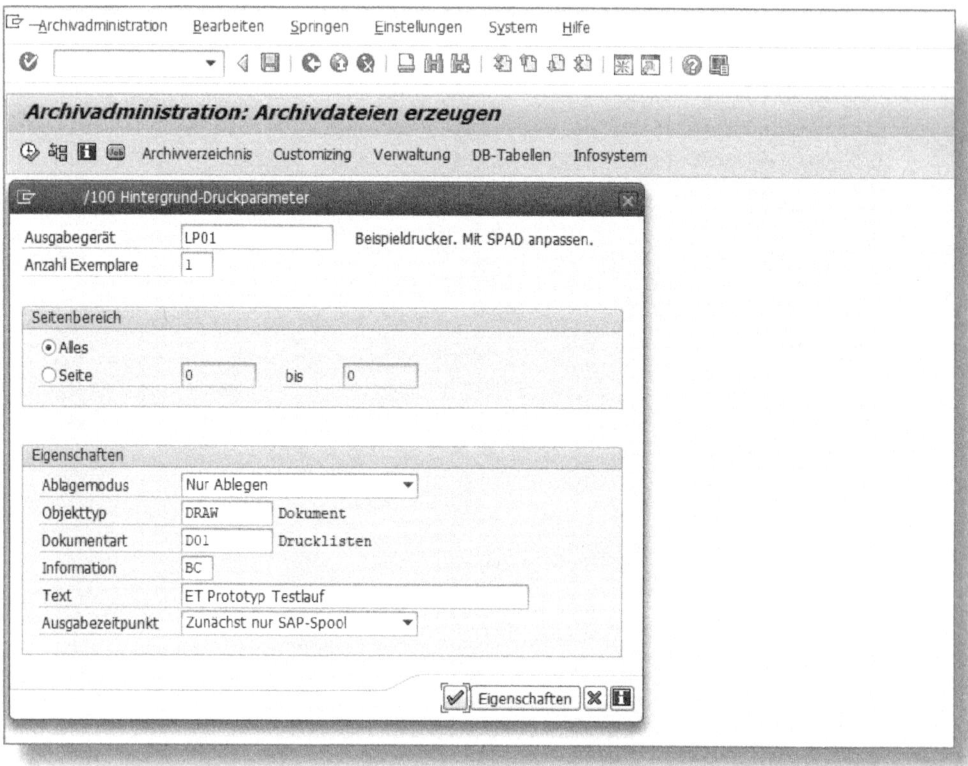

Abbildung 3.87: Eigenschaften im Ablagemodus

Im Bereich EIGENSCHAFTEN werden nun die Felder aus der Einstellung der Spoolaufträge eingeblendet. Wir bestätigen die Pflege des Spools mit einem Klick auf das Häkchen.

Sind der Starttermin und die Spoolparameter gepflegt, werden für beide Punkte jeweils grüne Icons mit der Beschreibung GEPFLEGT vergeben. Alles ist bereit für die Durchführung des Schreiblaufs (Abbildung 3.88).

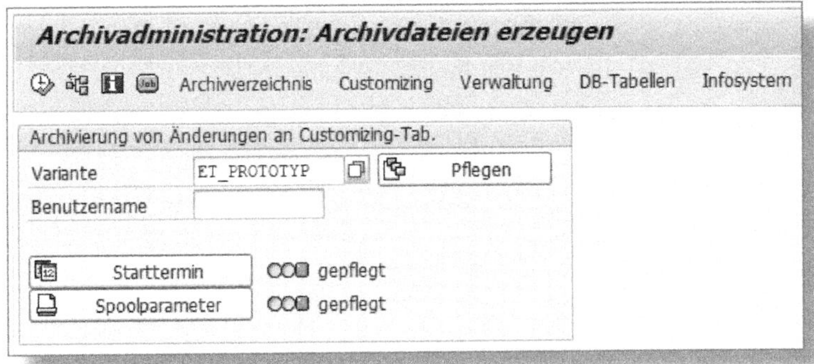

Abbildung 3.88: Schreiblauf starten

Wir können den Schreibjob starten, indem wir den Button anklicken. Bei erfolgreicher Einplanung des Archivierungsjobs wird uns eine entsprechende Meldung eingeblendet. Wir finden sie unten auf der linken Seite (Abbildung 3.89).

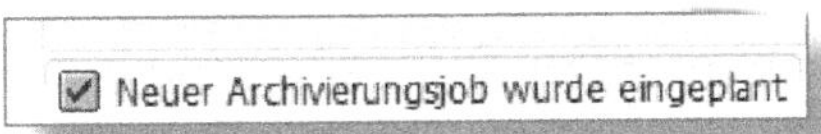

Abbildung 3.89: Schreiblauf – Archivierungsjobmeldung

Nachdem wir den Job ausgeführt haben, lassen wir uns die Jobübersicht anzeigen. Wir gelangen dorthin durch einen Klick auf den Button in der Archivadministration. In der Übersicht finden wir Details zur Archivierung (Abbildung 3.90).

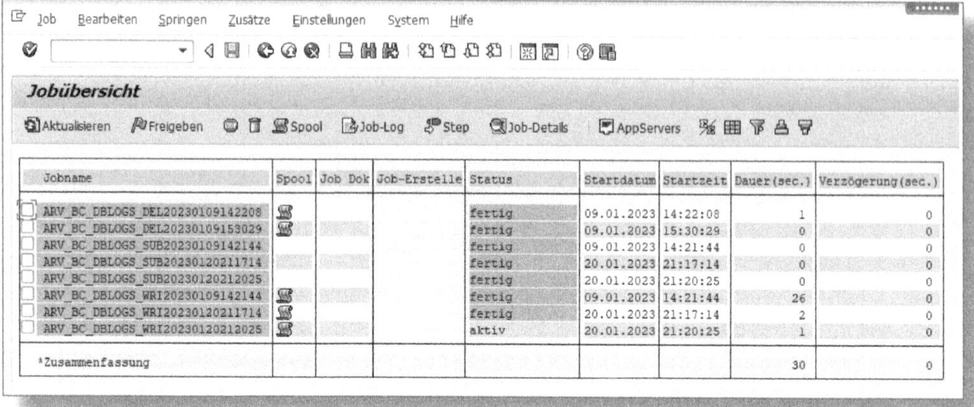

Jobname	Spool	Job Dok	Job-Erstelle	Status	Startdatum	Startzeit	Dauer(sec.)	Verzögerung(sec.)
ARV_BC_DBLOGS_DEL20230109142208				fertig	09.01.2023	14:22:08	1	0
ARV_BC_DBLOGS_DEL20230109153029				fertig	09.01.2023	15:30:29	0	0
ARV_BC_DBLOGS_SUB20230109142144				fertig	09.01.2023	14:21:44	0	0
ARV_BC_DBLOGS_SUB20230120211714				fertig	20.01.2023	21:17:14	0	0
ARV_BC_DBLOGS_SUB20230120212025				fertig	20.01.2023	21:20:25	0	0
ARV_BC_DBLOGS_WRI20230109142144				fertig	09.01.2023	14:21:44	26	0
ARV_BC_DBLOGS_WRI20230120211714				fertig	20.01.2023	21:17:14	2	0
ARV_BC_DBLOGS_WRI20230120212025				aktiv	20.01.2023	21:20:25	1	0
*Zusammenfassung							30	0

Abbildung 3.90: Jobübersicht

Die einzelnen Spalten zeigen uns verschiedene Informationen zu den Jobs. Die wichtigsten sind für uns JOBNAME sowie SPOOL.

- JOBNAME: Das System erstellt den Jobnamen nach einem festen Schema. ARV bedeutet Archivierung. Das Archivierungsobjekt ist an der zweiten Stelle des Jobnamens ablesbar (in unserem Fall BC_DBLOGS). Der letzte alphabetische Teil enthält den Programmnamen des Jobs. WRI steht für den Schreiblauf, DEL für den Löschlauf und SUB für Initial. Außerhalb unseres Beispiels gibt es noch die Ablage (STO) und den Rückladejob (RET).
- SPOOL: Das Icon in dieser Spalte steht für die Spooldatei, die dem jeweiligen Lauf angehört. Unter den Spooldateien befinden sich detailierte Informationen zu den einzelnen Archivierungsläufen.

Wir möchten uns nun einen Spool genauer ansehen. Dazu führen wir einen Doppelklick auf das entsprechende Icon aus. Uns wird eine ÜBERSICHT DER SPOOL-AUFTRÄGE angezeigt (Abbildung 3.91).

Wir können uns mit einem Klick auf das Icon in der Spalte TY die Spoolliste zu unserem ausgewählten Archivierungslauf ansehen.

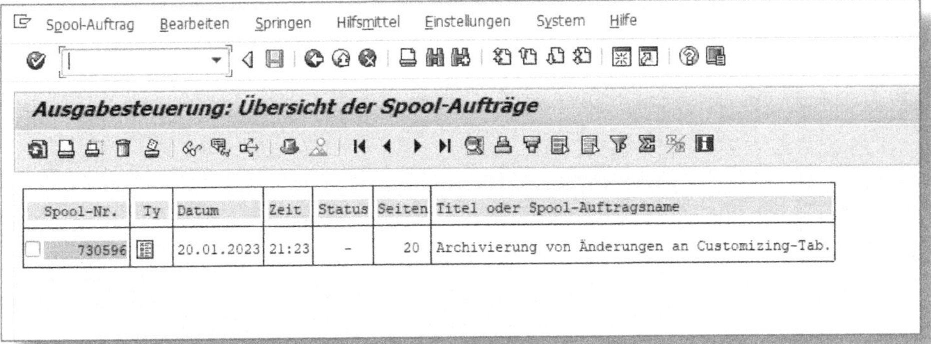

Spool-Nr.	Ty	Datum	Zeit	Status	Seiten	Titel oder Spool-Auftragsname
730596		20.01.2023	21:23	-	20	Archivierung von Änderungen an Customizing-Tab.

Abbildung 3.91: Übersicht über die Spoolaufträge

Die Spooldatei (Abbildung 3.92) gibt uns zahlreiche Informationen zu unserem Archivierungslauf, wobei für uns die folgenden besonders relevant sind:

- MODUS: Zu Beginn der Spools wird angezeigt, ob der Archivierungslauf im Test- oder Produktivmodus durchgeführt wurde.
- SCHLÜSSEL DER ARCHIVDATEI: Wie Sie in Abschnitt 3.3.2 erfahren haben, kann durch den Archivdateischlüssel im Archiv nach Daten gesucht werden. Die Zuordnung des Schlüssels der Archivdatei kann im Spool eingesehen werden.
- TYP, SÄTZE, BESCHREIBUNG: Im Block, der die Spalten TYP, SÄTZE sowie BESCHREIBUNG beinhaltet, kann eingesehen werden, aus welchen Tabellen archiviert wurde. Unter TYP sind die Tabellen abzulesen. Unter SÄTZE erkennen wir, wie viele Sätze aus der dazugehörigen Tabelle archiviert bzw. gelöscht wurden. Die BESCHREIBUNG ist die Bezeichnung der Tabelle.
- ZUSAMMENFASSUNG: Die Zusammenfassung bzw. das Protokoll gibt an, wie viele Daten insgesamt geschrieben bzw. gelöscht werden konnten. Dabei wird außer den Sätzen auch die Größe des Archivierungslaufs wiedergegeben. Des Weiteren können wir hier Nachrichten zum Archivierungslauf einsehen. Es wird mitunter angegeben, ob ein Datensatz archiviert werden konnte. Sofern dies nicht der Fall ist, werden grundsätzlich die Ursachen dafür genannt.

In Abbildung 3.92 ist der Spool zu unserem im Testlauf durchgeführten Schreiblauf zu BC_DBLOGS dargestellt. Die Datensätze konnten erfolgreich geschrieben werden.

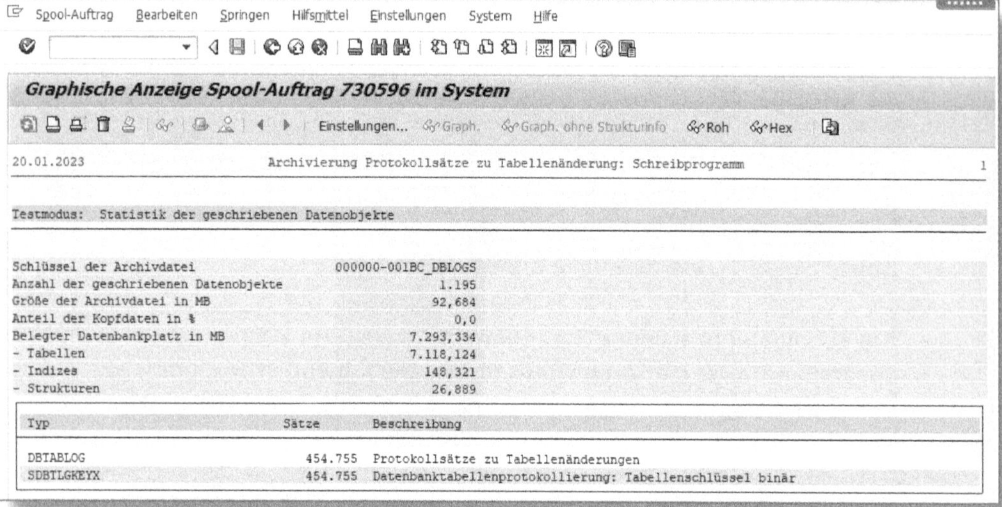

Abbildung 3.92: Spool im Testlauf

Wir empfehlen Ihnen, den Spool des Testlaufs zu prüfen, bevor Sie einen Produktivlauf starten. Hier können Sie eventuelle Fehler erkennen und beheben, bevor Sie einen Archivierungslauf im Produktivmodus durchführen.

Bei der Erstellung mehrerer Archivdateien werden die Werte aller Datensätze zusammengefasst und am Ende des Protokolls übersichtlich und kumuliert dargestellt. Dieser Teil des Protokolls nennt sich ZUSAMMENFASSUNG (Abbildung 3.93).

Da unser Testlauf erfolgreich und problemlos durchgeführt wurde, können wir einen produktiven Lauf starten. Das Vorgehen hierfür ist identisch mit dem des Testlaufs – ausgenommen die Auswahl der Ablaufsteuerung.

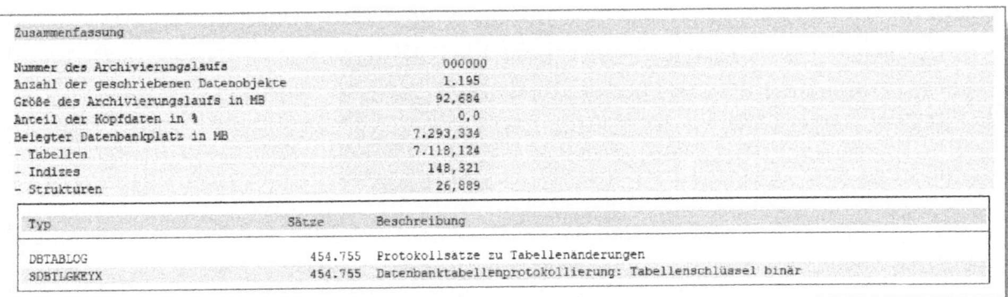

Zusammenfassung

Nummer des Archivierungslaufs	000000
Anzahl der geschriebenen Datenobjekte	1.195
Größe des Archivierungslaufs in MB	92,684
Anteil der Kopfdaten in %	0,0
Belegter Datenbankplatz in MB	7.293,334
- Tabellen	7.118,124
- Indizes	148,321
- Strukturen	26,889

Typ	Sätze	Beschreibung
DBTABLOG	454.755	Protokollsatze zu Tabellenanderungen
SDBTLGKEYX	454.755	Datenbanktabellenprotokollierung: Tabellenschlüssel binär

Abbildung 3.93: Zusammenfassung im Spool

Wir gehen also zurück in die Aktion SCHREIBEN der Archivadministration und wählen die für den Testlauf genutzte Variante. Diese bearbeiten wir nun mit einem Klick auf den Button Pflegen. Wir sehen dieselbe Variante, die wir für den Testmodus eingestellt haben (Abbildung 3.94).

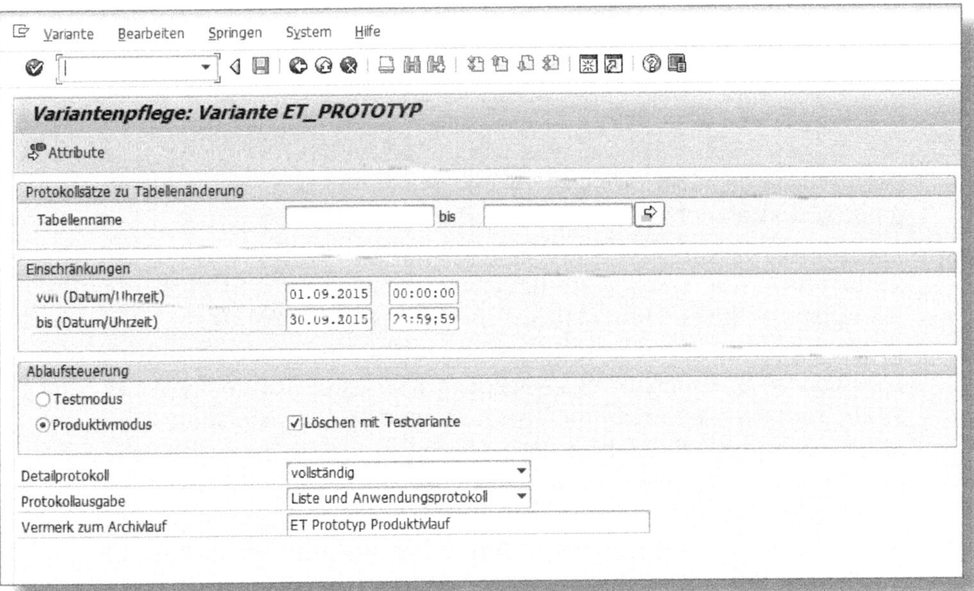

Abbildung 3.94: Schreiblaufvariante für die produktive Archivierung

In der Ablaufsteuerung wählen wir nun statt TESTMODUS den PRODUKTIVMODUS aus. Zusätzlich setzen wir ein Häkchen unter LÖSCHEN MIT TESTVARIANTE, damit der Löschjob, der automatisch nach dem Schreiblauf gestartet wird, im Testmodus läuft.

Wir springen zurück in die Aktion SCHREIBEN und führen unseren Schreiblauf durch einen Klick auf den Button aus.

Analog zur Testmodusvariante müssen wir auch hier die Startterminwerte und die Spoolparameter pflegen.

Unser Schreibjob hat nun die selektierten Daten in eine Archivdatei geschrieben. Wie wir Ihnen erläutert haben, erfolgt nach dem Schreiblauf in der Regel der Löschlauf.

Uns wird zu unserem Schreiblauf im Produktivmodus der Spool aus Abbildung 3.95 angezeigt.

Wie Sie erkennen, wurden dieselben Sätze geschrieben wie im Testlauf. Der Unterschied zu Abbildung 3.92 und Abbildung 3.93 liegt lediglich im angegebenen Modus.

Der Archivierungslauf erhält die Nummer 000637 und konnte insgesamt 1.195 Datenobjekte schreiben.

Automatisch wurden nach erfolgreicher Ausführung des Schreiblaufs der Ablagejob für den Produktivlauf und Löschjobs für den Test- sowie Produktivlauf gestartet. Dies geschieht, weil im archivierungsobjektspezifischen Customizing aus Abbildung 3.76 unter Ablage der Punkt START AUTOMATISCH angewählt wurde. Zu den beiden Löschläufen, die in unserem Beispiel automatisch gestartet wurden, gibt es ebenfalls Spoollisten. Im Testmodus des Löschjobs für dieses Archivierungsobjekt würde in der Spoolliste dabei lediglich die Meldung angezeigt, ob der Löschlauf erfolgreich war, sofern der automatische Löschlauf infolge der Einstellung LÖSCHEN MIT TESTVARIANTE unter dem Punkt

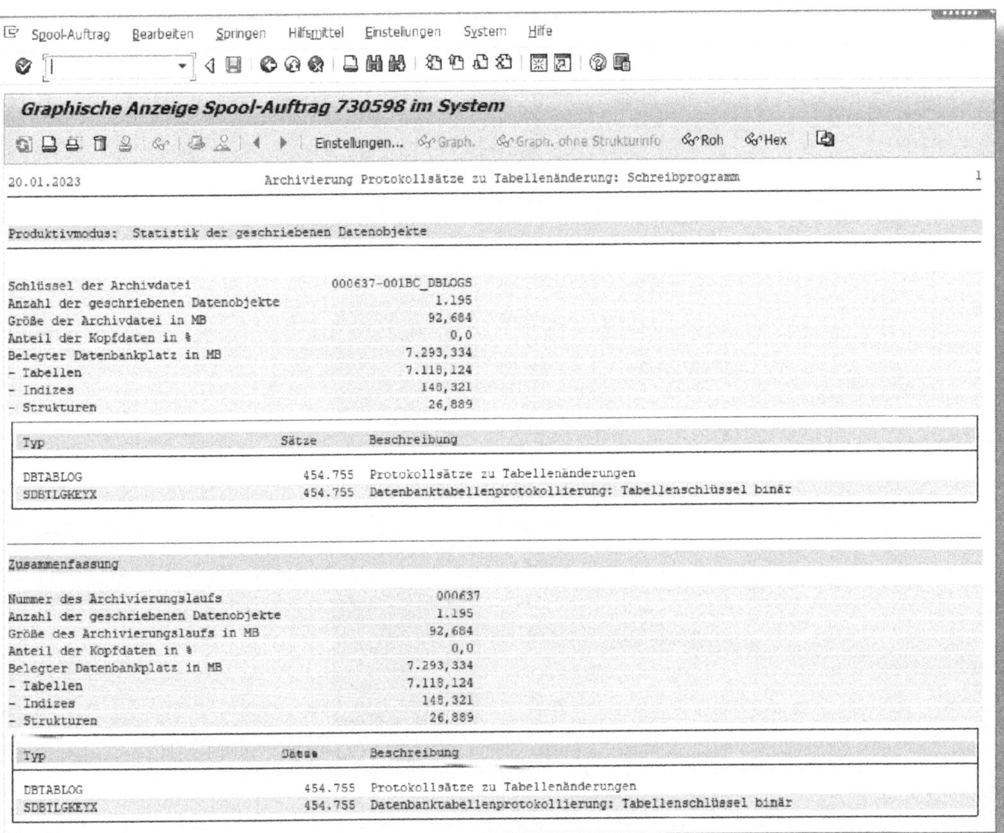

Abbildung 3.95: Spool im Produktivmodus

ABLAUFSTEUERUNG in der Schreiblaufvariante ausgewählt oder ein manueller Löschlauf im Testmodus gestartet worden wäre. Der Löschlauf im Produktivmodus generiert jedoch eine Spoolliste, die angibt, welche Anzahl an Datensätzen gelöscht werden konnte. Zusätzlich wird unterschieden, aus welchen Tabellen wie viele Sätze und wie viele Indizes gelöscht wurden. Es wurden in unserem Exempel 1.195 Datenobjekte unter der Archivlaufnummer 000637 gelöscht (Abbildung 3.96).

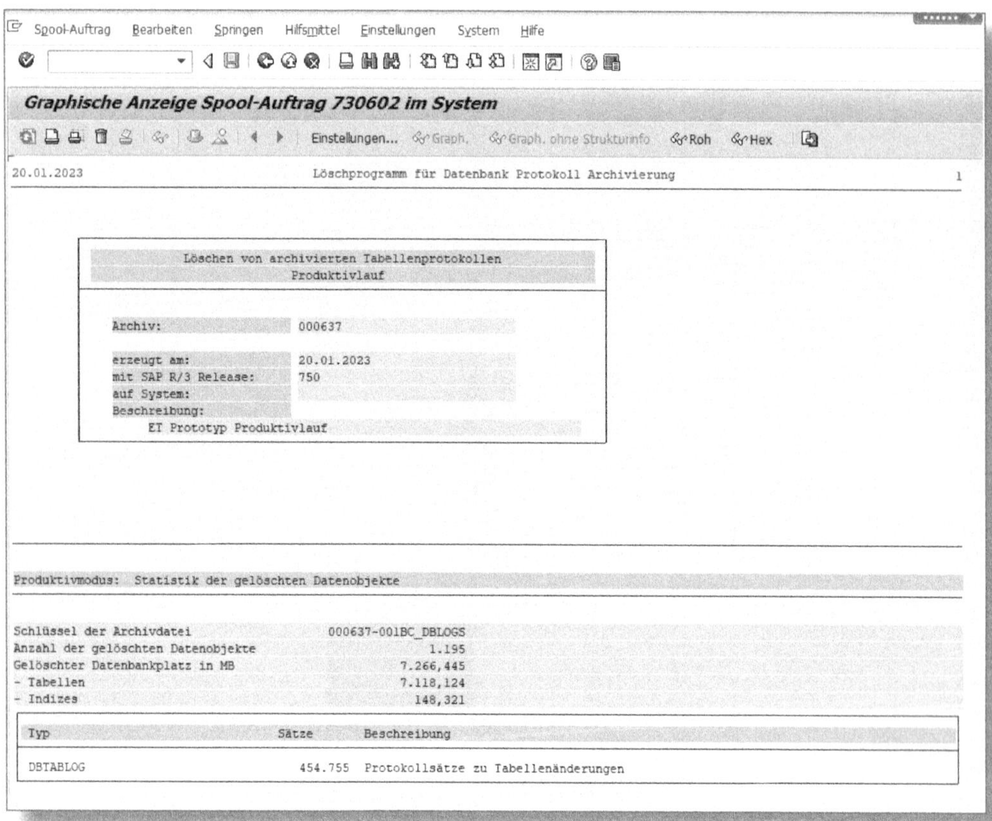

Abbildung 3.96: Spool des produktiven Löschlaufs

Aufgrund der erfolgreichen Löschung der Daten aus der Datenbank können wir davon ausgehen, dass diese in der Archivdatei abgelegt werden konnten.

Wir möchten die Ablage jedoch manuell nochmals prüfen und gehen dafür zurück in die Archivadministration über die Transaktion *SARA*. Wir geben unser Archivierungsobjekt ein und klicken dann auf den Button Verwaltung. Uns werden nun die Archivierungsläufe angezeigt: Wir wählen unseren Archivierungslauf mit der Nummer 000637 aus. Die einzelnen Archivdateien können wir hier durch Aufklappen der Unterpunkte einsehen. Führen wir nun einen Doppelklick auf die

Archivdatei aus, werden uns die Details zu diesem Lauf angezeigt (Abbildung 3.97).

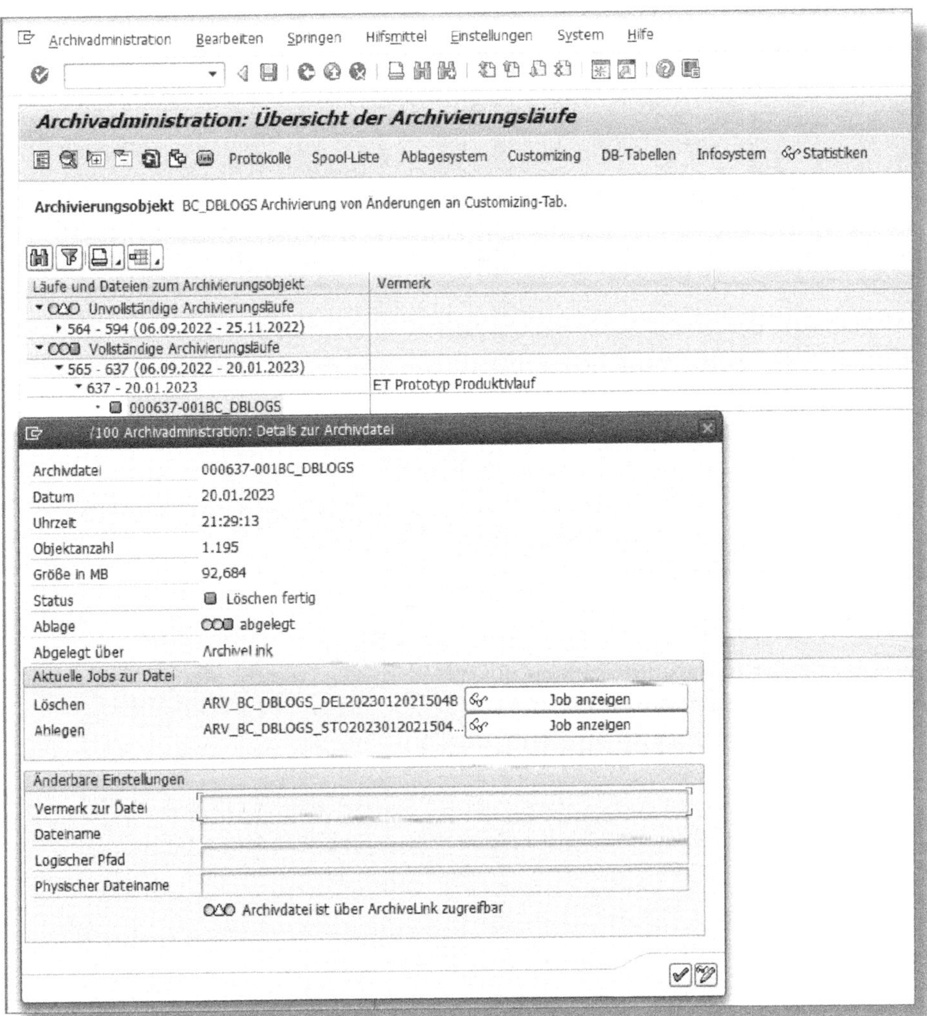

Abbildung 3.97: Archivdatei in der Verwaltung – Details

Wir können den Details zur Archivdatei entnehmen, dass die OBJEKTANZAHL mit 1.195 identisch zu den Datenobjekten aus unseren Spools für den Schreib- und Löschlauf ist. Der STATUS signalisiert mit einem grünen Icon, dass die Löschung abgeschlossen ist. Zudem können wir dem Status der ABLAGE entnehmen, dass die Archivdatei ABGELEGT wurde. Die zu dem Archivierungslauf zugehörigen Jobs lassen sich unter AKTUELLE JOBS ZUR DATEI aufrufen. Des Weiteren erhalten wir im untersten Bereich die Meldung: ARCHIVDATEI IST ÜBER ARCHIVELINK ZUGREIFBAR.

Der Archivierungslauf für das Archivierungsobjekt BC_DBLOGS mit unserer Einschränkung auf Daten aus dem Monat September des Jahres 2015 ist erfolgreich abgeschlossen.

In den nächsten Schritten müssen wir die Zugriffsoptionen angehen. Für deren Anlage benötigen wir ein Archivinformationssystem mit passenden Archivinfostrukturen. Die Infostrukturen müssen aktiviert und aufgebaut werden, damit ein Zugriff auf archivierte Daten für BC_DBLOGS erfolgen kann. Wir können danach aus der Tabelle der wichtigsten Punkte für das Archivierungsobjekt BC_DBLOGS ablesen, welche Zugriffe für die Änderungen an Customizing-Tabellen verfügbar sind.

Mit unserer Anleitung aus dem Abschnitt 3.3 können Sie das Vorgehen für Archivzugriffe Ihren Anwendern weitergeben. Wir empfehlen Ihnen, die Zugriffe auf archivierte Daten zu testen, bevor Sie die Zugriffsoptionen publizieren.

An einem Beispiel möchten wir Ihnen zeigen, wie man mittels der Transaktion *SARE* testet, ob auf die archivierten Daten zugegriffen werden kann.

Zu diesem Zweck aktivieren wir eine Archivinfostruktur und bauen sie für die Archivdatei auf. Exemplarisch haben wir das mit der ARCHIVINFOSTRUKTUR SAP_BC_DBLOGS2 getan (Abbildung 3.98).

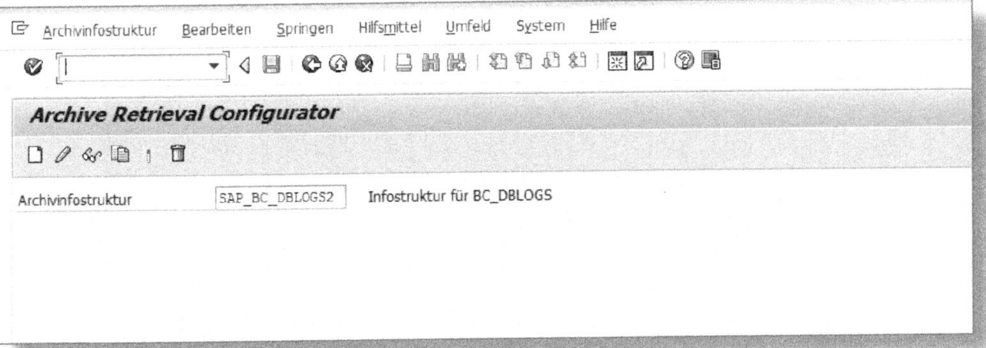

Abbildung 3.98: Archivinfostruktur für BC_DBLOGS

Wie Sie eine Archivinfostruktur aktivieren und aufbauen, können Sie in Abschnitt 3.3.1 nochmals nachschlagen.

Wir begeben uns nach Anlage der Archivinfostruktur in die Transaktion *SARE* und geben unser ARCHIVIERUNGSOBJEKT sowie die ARCHIVINFOSTRUKTUR ein (Abbildung 3.99).

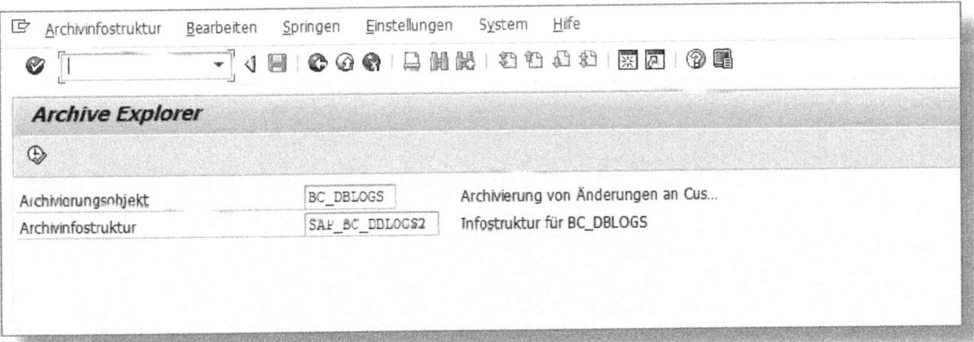

Abbildung 3.99: Transaktion SARE – Archivauswahl der Archivinfostruktur

Uns wird nun die Selektionsmaske aus Abbildung 3.100 angezeigt.

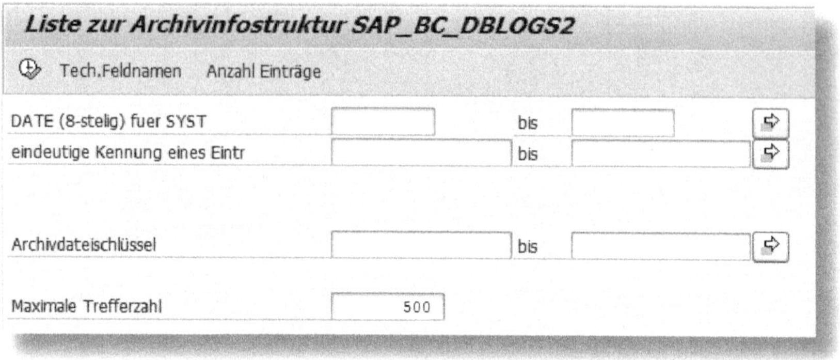

Liste zur Archivinfostruktur SAP_BC_DBLOGS2

Tech.Feldnamen Anzahl Einträge

DATE (8-stelig) fuer SYST bis

eindeutige Kennung eines Eintr bis

Archivdateischlüssel bis

Maximale Trefferzahl 500

Abbildung 3.100: Transaktion SARE – Selektionsmaske

Durch die angebotenen Selektionskriterien lässt sich die Suche einschränken. Um unsere Archivdatei zu finden, tragen wir im entsprechenden Feld den ARCHIVDATEISCHLÜSSEL 000637 ein, der beispielsweise aus unserem Archivierungslauf aus Abbildung 3.95 resultiert. Dann führen wir die Suche aus. Die Liste zur Archivinfostruktur zeigt uns eine Aufzählung der archivierten Daten an (Abbildung 3.101).

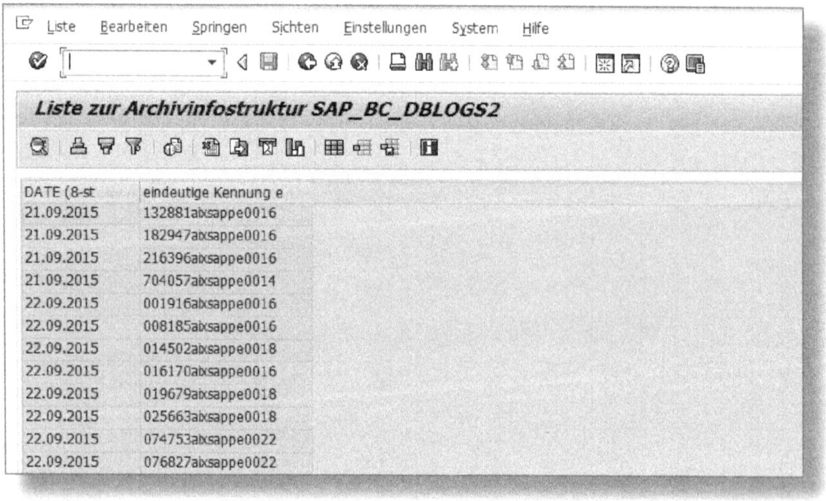

Liste Bearbeiten Springen Sichten Einstellungen System Hilfe

Liste zur Archivinfostruktur SAP_BC_DBLOGS2

DATE (8-st	eindeutige Kennung e
21.09.2015	132881aixsappe0016
21.09.2015	182947aixsappe0016
21.09.2015	216396aixsappe0016
21.09.2015	704057aixsappe0014
22.09.2015	001916aixsappe0016
22.09.2015	008185aixsappe0016
22.09.2015	014502aixsappe0018
22.09.2015	016170aixsappe0016
22.09.2015	019679aixsappe0018
22.09.2015	025663aixsappe0018
22.09.2015	074753aixsappe0022
22.09.2015	076827aixsappe0022

Abbildung 3.101: Transaktion SARE – Anzeige der archivierten Daten

Am Datum erkennen wir, dass die Daten aus dem Monat September des Jahres 2015 stammen. Sie entsprechen somit unseren Selektionskriterien. Das bedeutet, dass wir auf diese Daten aus dem Archiv zugreifen können.

Damit steht dem Einweihen unserer Anwender nichts mehr im Wege.

Als Nächstes müssen wir betrachten, wie lange die Daten im Archiv aufbewahrt werden sollen. Die Daten der Änderungen an Customizing-Tabellen aus dem Archivierungsobjekt BC_DBLOGS unterliegen selten gesetzlichen Aufbewahrungspflichten. In der Praxis ist allerdings immer zu prüfen, ob dies bei einigen Daten nicht doch der Fall ist. In unserem Beispiel nehmen wir an, dass sich unter unseren Daten keine aufbewahrungspflichtigen befinden. Dies bedeutet, dass wir die Aufbewahrungsdauer in diesem Fall selbst bestimmen können.

! Vorsicht bei der Festlegung der Aufbewahrungsdauer!

Vergewissern Sie sich vor einer Entscheidung über die Aufbewahrungsdauer immer, dass keine aufbewahrungspflichtigen Daten in Ihrem Archiv vorhanden sind. Im Fall von BC_DBLOGS können beispielsweise Änderungen an den Umrechnungskursen für Währungen (Tabelle TCURR) dazu geführt haben, dass die Daten aufbewahrungspflichtig werden.

Um das Archiv nicht zu belasten, empfehlen wir, die Änderungen an Customizing-Tabellen schnellstmöglich zu löschen, sofern sie nicht benötigt werden. Sollten Daten aus den Änderungen der Customizing-Tabellen von Ihnen doch gebraucht werden, raten wir dazu, die relevanten Daten von den irrelevanten zu trennen und Letztere zu vernichten. Beachten Sie, dass Sie dafür separate Schreib-, Ablage- und Löschjobs benötigen und die entsprechenden Selektionskriterien pflegen müssen. Sobald alle Daten im Archiv abgelegt sind, können Sie die sofortige Vernichtung der irrelevanten Daten durchführen.

4 Ausblick

Zum Abschluss geben wir Ihnen einen Überblick über neuere technische Entwicklungen: Sie lernen dabei das Information Lifecycle Management (ILM), das Data Aging sowie die Besonderheiten der Archivierung unter SAP S/4HANA kennen.

4.1 Information Lifecycle Management (ILM)

Das Tool *Information Lifecycle Management (ILM)* ist ein Instrument, mit dem SAP die Datenarchivierung revolutioniert hat. Wie der Name bereits andeutet, geht es um die Handhabung von Daten im Laufe ihres gesamten Lebenszyklus.

Jedes Datenobjekt in einem SAP-System hat sozusagen seine eigene Lebensgeschichte. Sie beginnt in der Regel mit dem Erzeugen der Daten und endet mit deren endgültiger Löschung. Zu den einzelnen »Lebensphasen« gehören unter anderem die Aufbewahrung und das Löschen. Einige der Phasen im Lebenszyklus von SAP-Daten werden durch äußere Faktoren mitbestimmt. Dazu zählen nicht zuletzt die gesetzlichen Anforderungen, die mit der Verabschiedung der EU-DSGVO verschärft wurden.

Mit SAP ILM können Regeln für den Lebenszyklus der Daten festgesetzt werden. Diese lassen sich gesetzeskonform einrichten, um die rechtlichen Anforderungen des Datenmanagements zu erfüllen.

SAP ILM basiert auf den drei Säulen Archivierung, Retention Management und Systemstilllegung.

4.1.1 Archivierung

SAP ILM fußt auf der klassischen Datenarchivierung, die Sie in den vorherigen Kapiteln kennengelernt haben. Es wurde jedoch durch einige neue Funktionen zur Verwaltung des Lebenszyklus von Daten erweitert.

4.1.2 Retention Management

Im *Retention Management* werden die Regeln für das Verwalten des Lebenszyklus der Daten unter Berücksichtigung der gesetzlichen Anforderungen definiert und verwaltet. Außerdem sorgt es für eine gesetzeskonforme Ablage auf einem zertifizierten Archivserver. Dies umfasst auch die Einhaltung gesetzlicher Aufbewahrungsfristen für bestimmte Datentypen, wie z. B. Finanzunterlagen, oder die Erfüllung von Prüfungsanforderungen für die Datenaufbewahrung. Aufbewahrungsrichtlinien können beispielsweise so eingerichtet werden, dass Daten automatisch für einen bestimmten Zeitraum im System verbleiben, dann archiviert und wiederum nach einer festgesetzten Zeitspanne vernichtet werden. Die jeweilige Konfiguration können Sie mit den Funktionen von SAP ILM individuell gestalten, um die Regeln des Datenlebenszyklus an die Bedürfnisse Ihres Unternehmens anzupassen.

Damit die im Retention Management aufgestellten Regeln umsetzbar sind, musste das Schreibprogramm der Archivierungsobjekte erweitert werden. Die entsprechend veränderten Archivierungsobjekte werden nun ILM-Objekte genannt. Die Ausführung der Reports von ILM-Objekten findet wie gewohnt in der Transaktion *SARA* statt. Die wichtigsten Archivierungsobjekte wurden seitens SAP schon mit den ILM-Funktionen erweitert, jedoch sind noch nicht alle Archivierungsobjekte ILM-fähig.

Sobald die Business Function für SAP ILM aktiviert wurde, können die ILM-Aktionen – Archivierung, Schnappschuss und Datenvernichtung – ausgeführt werden. Hier ist allerdings noch zu beachten, dass diese Funktionen nur bei ILM-Objekten angewandt werden können, was wiederum eine Zuweisung des Archivierungsobjekts zu einem Prüfgebiet erfordert.

Die *Archivierung* funktioniert im Prinzip genauso wie die klassische Datenarchivierung. Jedoch werden im Schreibprogramm zur Archivierung des ILM-Objekts neben den im Customizing eingegebenen Einstellungen nun auch die im Retention Management eingepflegten Regeln beachtet. Diese umfassen u. a. die Aufbewahrungszeit bzw.

Verweilzeit und den Ablageort. Bei Stammdaten wird zusätzlich das Sperrkennzeichen überprüft.

Die SAP-ILM-Aktion *Schnappschuss* extrahiert Daten zu offenen Geschäftsvorfällen und archiviert diese, ohne sie zu löschen. Mit diesem Programm können also die Archivierbarkeitskriterien zum Gesamtstatus in den Archivierungsobjekten umgangen werden. Das Programm findet meist im Rahmen einer Neuimplementierung des Systems bzw. einer Altsystemstilllegung Verwendung.

Mit der *Datenvernichtung* werden Daten zum Ende ihres Lebenszyklus endgültig vernichtet. Falls vor der Einführung von SAP ILM Daten bereits archiviert wurden, können diese durch einen Report in neue Archivdateien umgesetzt und durch die eingestellten Aufbewahrungsregeln ergänzt werden.

4.1.3 Systemstilllegung

Bei der *Systemstilllegung* handelt es sich um eine dauerhafte Entfernung eines Systems, das nicht mehr benötigt wird. Mit der Systemstilllegung können nicht mehr produktiv genutzte SAP-Systeme und die darin enthaltenen Daten auf ein Retention Warehouse übertragen werden. So entfallen die Kosten für die Aufrechterhaltung der Altsysteme, und die SAP-Landschaft wird schlanker und übersichtlicher. Diese Funktion ist beispielsweise sehr hilfreich bei einer SAP-S/4HANA-Transformation.

Ein wichtiger Schritt bei der Stilllegung von Systemen ist die Überprüfung von Anwendungen und Daten, um zu bestimmen, welche Daten archiviert werden müssen und welche gelöscht werden können. Dies beinhaltet zum einen die Überprüfung von Geschäftsprozessen, die auf dem System laufen, und zum anderen die Identifizierung von Daten, die für die weitere Verwendung erforderlich sind. Nachdem alle notwendigen Daten gesichert wurden, kann das System deinstalliert werden. Es ist wichtig, dass alle Daten sicher gelöscht werden, um zu gewährleisten, dass keine sensiblen Informationen in falsche Hände geraten.

Primär wird die SAP-ILM-Anwendung zur Einhaltung der Löschpflicht in den EU-DSGVO-Richtlinien eingesetzt. Nützlich ist in diesem Zusammenhang das vereinfachte Sperren und Löschen von Daten. In manchen Fällen enthalten die aus den Tabellen entnommenen und gebündelten Datenobjekte personenbezogene Daten, die nach Ende der Verwendungszeit oder End of Purpose (EoP) gelöscht werden müssen. Jedoch kann es ebenso vorkommen, dass Daten aus dem Datenobjekt für Kontrollzwecke durch den Gesetzgeber aufbewahrt werden müssen. Hierfür lässt sich mit SAP ILM eine automatische Sperre einrichten, sodass die Daten nach dem Archivierungslauf nur noch einem bestimmten, eng begrenzten Personenkreis (wie z. B. dem Steuerprüfer) zugänglich sind. Erst nach Ablauf der gesetzlichen Aufbewahrungsfrist werden sie dann endgültig gelöscht.

Mit SAP ILM können Daten und Dokumente aber auch mit einer Löschsperre versehen werden. Hierfür gibt es die Komponente Legal Case Management (LCM). Sie ermöglicht es, alle Daten und Dokumente, die im Zusammenhang mit einem juristischen Fall stehen, in einer zentralen Akte zu speichern. Dies erleichtert es, sie schnell zu finden und zu verwalten. LCM kann auch Aktivitäten im Zusammenhang mit juristischen Fällen verfolgen. Dies beinhaltet die Überwachung von Fristen, die Verwaltung von Aufgaben und die Verfolgung von Korrespondenz. Benutzer haben ferner die Möglichkeit, Benachrichtigungen zu erstellen, sodass sie über wichtige Aktivitäten und Fristen informiert werden. Diese Option existiert nicht im Standard der klassischen Datenarchivierung, doch mit SAP ILM hat die SAP auch hierfür eine Lösung geschaffen (Abbildung 4.1).

SAP ILM ist eine sehr beliebte Lösung, die immer häufiger zur Anwendung kommt. Sie hilft Unternehmen, die EU-DSGVO-konforme Datenarchivierung umzusetzen und hohe Bußgelder zu vermeiden. Die Einrichtung des Regelwerks für die meist äußerst zahlreichen im System benötigten ILM-Objekte ist jedoch eine überaus komplexe Aufgabe. Planung und Umsetzung eines solchen Projekts dauern in den meisten Fällen einige Monate und sollten besonders vorsichtig geplant und von einem Experten begleitet werden.

Information Lifecycle Management

Retention Management
Verwaltung des Lebenszyklus eines produktiven Anwendungssystems

Systemstilllegung
Verwaltung des Lebenszyklus von Altdaten im Retention Warehouse

Übernahme von Daten aus Altsystem ins Retention Warehouse

Definition von ILM-Regeln zur Steuerung von Ablagefristen und Ablageorten der archivierten Daten

ILM-konforme Ablage von Archivdaten auf einem ILM-fähigen WebDAV-Server

Setzen rechtsfallbedingter Sperren unter Verwendung von E-Discovery

Datenvernichtung unter Berücksichtigung gesetzlicher Aufbewahrungsfristen und Sperren

Lokales und BW-basiertes Berichtswesen

ILM erweiterte Datenarchivierung

Abbildung 4.1: SAP ILM – Aufbau und Funktionen

4.2 SAP S/4HANA

SAP S/4HANA ist die vierte Generation der Anwendungssuite von SAP und seit der Premiere im Februar 2015 die technologisch bedeutsamste Lösung von SAP nach dem R/3-ERP-System im Jahr 1992. Dabei steht das »S« im Namen für »Simple«, was auf die verbesserte Benutzeroberfläche und das vereinfachte Datenmodell der Suite zielt.

Unterstützt wird das neue Modell durch die In-Memory-Datenbank SAP HANA (**H**igh-Performance **An**alytic **A**ppliance). Die Daten werden dabei nicht mehr auf einer Festplatte verarbeitet, sondern direkt im Arbeitsspeicher. Diese Technologie ermöglicht dem Nutzer, größere Datenvolumina in nahezu verzögerungsloser Echtzeit zu analysieren, wodurch sich für Unternehmen völlig neue Reporting-Möglichkeiten ergeben. Dank dieser Neuerung können sie beschleunigt auf Veränderungen des Marktes reagieren und ihre Geschäftsprozesse sofort anpassen. Somit bietet das neue System strategische, aber auch operative Vorteile und ermöglicht eine Steigerung der Effizienz und Profitabilität. Außer der vom Hasso-Plattner-Institut entwickelten In-Memory-Datenbank gibt es noch eine Reihe weiterer Innovationen in S/4HANA. Auf die wichtigsten gehen wir im Folgenden kurz ein.

Vereinfachte Datenmodelle

Mit der Einführung der neuen SAP-Technologie wurden die Datenmodelle im System erheblich vereinfacht. Die SAP-Entwickler haben die Zahl der Tabellentypen reduziert und die Tabellen stark zusammengefasst bzw. deren Inhalte aggregiert. Beispielsweise finden sich im Strukturmodell der neuen Tabelle *ACDOCA* neben den Details zu einzelnen Buchungen nun viele weitere Einträge für einen selektierten Belegkopf. Zudem ließen sich in der Vorgängerversion maximal 999 Einzelposten pro Beleg speichern, in der ACDOCA ist nun eine Dokumentation von 999.999 Einzelposten gewährleistet.

Benutzerfreundlichkeit

Für SAP S/4HANA wurde eine neue Benutzeroberfläche mit einem modernen und ansprechenden Design entwickelt. Diese ermöglicht alten wie neuen Kunden eine schnelle Einarbeitung, sodass der Nutzen der neuen Technologie optimal umsetzbar wird. Prozesskundige Benutzer sollen in der Lage sein, die Software praktisch ohne Schulungen zu bedienen. Zudem laufen die neuen *SAP-Fiori-Apps* nutzerfreundlich auf allen Endgeräten (PC, Tablet, Smartphone – Stichwort: »Any Device«) mit dem Ziel, allen Endanwendern die gleiche Oberfläche mit denselben Funktionen zur Verfügung zu stellen.

SAP Cloud

Neben dem On-Premise-Modell, also dem Installieren der Software auf unternehmenseigener Hardware, bietet SAP mit S/4HANA Cloud auch ein alternatives Betriebsmodell an. Bei der Cloud-Lösung wird die Software als Service (SaaS) zur Verfügung gestellt. Das bedeutet für die Anwender, dass weder Hardware noch die lokale Installation einer Software auf dem zu nutzenden Gerät benötigt werden. Das System läuft über SAP-Server, das Unternehmen kann es durch einen Internetzugang in vollem Umfang nutzen. So lässt sich der Aufwand für Speicherplatz, bedingt anfallende Personalkosten aus der internen IT-Abteilung und Wartung der Hardwaresysteme verringern. Mehr zu diesem Thema finden Sie in Abschnitt 4.3.

Zentraler Geschäftspartner

Mit SAP S/4HANA wurde verpflichtend der *zentrale Geschäftspartner* eingeführt. In einem Unternehmen kommt es in manchen Fällen vor, dass ein Geschäftspartner mehrere Rollen einnimmt, indem er beispielsweise einmal als Debitor bzw. als Kunde und dann wieder als Kreditor agiert. In solch einem Fall musste in SAP ERP der Geschäftspartner mit der neuen Rolle erneut im Stammsatz eingepflegt werden. Durch den zentralen Geschäftspartner ist dies nicht mehr notwendig, denn nun wird nur noch eine Transaktion für das Pflegen des Stammsatzes verwendet.

Zukunftssicherheit

Das neue SAP-System ist nicht nur schneller, einfacher und von allen Endgeräten aus zu bedienen, sondern gibt dem jeweiligen Unternehmen auch die Möglichkeit, von den Vorteilen zukünftiger Systemupdates zu profitieren. Da der Support für die älteren SAP-Systeme im Jahr 2027 eingestellt werden soll, sichern sich Unternehmen mit der Anschaffung von S/4HANA die modernste Technologie und eine garantierte Wartung sowie Support. In Anbetracht der Entwicklung der ERP-Systeme und anhand unserer Erfahrung prognostizieren wir, dass die Anwendungen zumindest für die nächsten 10 bis 15 Jahre ihre Aktualität behalten werden, bevor ein neues System eingeführt wird.

Mit den aufgezeigten Merkmalen und weiteren technologischen Verbesserungen bietet die aktuelle Systemumgebung von SAP den Nutzern viele Möglichkeiten und neue Funktionen, sodass eine Anschaffung attraktiv ist.

Als Nächstes möchten wir auf die Datenarchivierung in SAP S/4HANA eingehen und von neuen Alternativen berichten.

4.2.1 Data Aging

Data Aging wurde mit SAP S/4HANA eingeführt und stellt eine Ergänzung zur SAP-Datenarchivierung dar. Die Option hat das Ziel, operativ weniger relevante Daten nach einer bestimmten Zeit auf einen anderen Speicherbereich innerhalb der Datenbank zu verlagern. In diesem Kontext wird zwischen einem aktuellen und einem historischen Bereich unterschieden. Für die Daten verwendet man in der Praxis oft die Terminologie »hot« für aktuelle und »cold« für historische Daten. Ähnlich der SAP-Datenarchivierung soll auch das Data Aging die Daten nach einer bestimmten Residenzzeit komprimieren und verlagern bzw. ablegen. Das Umlagern bewirkt, dass die Daten vom schnellen Speicherplatz des SAP-HANA-Arbeitsspeichers auf den etwas langsameren Datenbankspeicherplatz versetzt werden. Dadurch wird die Performance der SAP-HANA-Datenbank sichergestellt, da nicht mehr die gesamte Datenbank in den Arbeitsspeicher geladen werden muss. Der größte Unterschied zur SAP-Datenarchivierung ist, dass die Daten nicht mehr in Form von Archivdateien abgelegt werden. Der Zugriff erfolgt bei Abfrage schneller, weil sich die Daten noch in der SAP-HANA-Datenbank befinden. Auf der technischen Ebene werden die Tabellen also von der Ursprungstabelle in eine andere verschoben. Diesen Vorgang nennt man Partitionierung.

Damit das Data Aging im SAP-System genutzt werden kann, müssen bestimmte technische Voraussetzungen geschaffen werden. Der wichtigste Punkt ist, dass das Unternehmen eine Datenbank verwendet, die das Data Aging unterstützt. Anschließend kann im SAP-System die Option durch die Business Function DAAG_DATA_AGING freigeschaltet werden. Analog zum Archivierungsobjekt muss ein Data-Aging-Objekt für die zu verschiebenden Daten existieren. In der Transaktion *DAGOBJ* können Sie nachsehen, ob ein passendes Objekt besteht, und es sofort aktivieren.

Zu jedem Data-Aging-Objekt gibt es ein Partitionierungsobjekt. Dieses hilft dabei, Daten in den richtigen Tabellen abzulegen. Zudem müssen im System entsprechende Berechtigungen hinterlegt werden, um mit dem Data-Aging-Objekt und dem Partitionierungsobjekt arbeiten zu können. Sind diese Voraussetzungen erfüllt, muss nur noch der Profilparameter »abap/data_aging« gesetzt werden. Nun kann der Lauf für das Data Aging geplant werden.

Im Rahmen der Planung sollten auch hier zuerst die Tabellengrößen analysiert und das Data-Aging-Objekt identifiziert werden. Die Zuordnung der Tabellen zum Partitionierungsobjekt erfolgt im SAP-Standard und kann zum Data-Aging-Objekt ausgewählt werden.

Planen Sie z. B. einen Data-Aging-Lauf für die Buchhaltungsbelege, wird dieser mit dem Data-Aging-Objekt FI_DOCUMENT durchgeführt. Hierzu wird aber nicht die Transaktion *SARA*, sondern die Transaktion *DAGRUN* aufgerufen.

Darüber hinaus gibt es folgende weitere Transaktionen für das Data Aging:

- *DAGPTC* für Customizing der Partitionierung
- *DAGPTM* zum Verwalten der Partitionen
- *DAGADM* zum Verwalten der Data-Aging-Objekte
- *DAGLOG* für Data-Aging-Protokolle

Der Prozess des Data Aging ähnelt sehr der SAP-Datenarchivierung. Auch das Data-Aging-Objekt FI_DOCUMENT trägt fast den gleichen Namen wie das Archivierungsobjekt FI_DOCUMNT.

Obwohl es auf den ersten Blick als sinnvolle Alternative zur SAP-Datenarchivierung erscheint, bringt das Data Aging doch einige Nachteile mit sich. So existieren (Stand 2023) noch zu wenige Data-Aging-Objekte, sodass der Prozess nicht für jedes Datenobjekt angewendet werden kann. Abgesehen davon ist keine langfristige Option vorhanden, um die Performance des Systems sicherzustellen. Die Daten werden zwar komprimiert und in den langsameren Speicher umgelagert, jedoch ist auch dieser bei den enormen Datenmengen, die in einem Unternehmen generiert werden, irgendwann aufgebraucht. Der SAP-HANA-Speicher ist sehr teuer und nicht beliebig erweiterbar, weshalb Daten nur dort vorgehalten werden sollten, wenn sie für den aktiven Geschäftsverkehr benötigt werden.

Der größte Nachteil ist allerdings, dass mit dem Data Aging die gesetzlichen Anforderungen nicht erfüllt werden. Beispielsweise sollen Bewegungsdaten nach Beendigung des jeweiligen Geschäftsvorfalls aus der Datenbank gelöscht bzw. gesperrt und revisionssicher abgelegt werden. Zudem müssen steuerrelevante Daten laut dem Gesetz zehn Jahre lang aufbewahrt werden. Werden diese Daten auf der SAP-HANA-Datenbank vorgehalten, führt dies schnell dazu, dass der Speicherplatz aufgebraucht ist – und nicht zuletzt die Reaktionszeit des Systems darunter leidet.

Falls das Data Aging also angewendet wird, muss es dennoch durch die SAP-Datenarchivierung ergänzt werden, damit der Lebenszyklus der Daten vervollständigt werden kann (Abbildung 4.2).

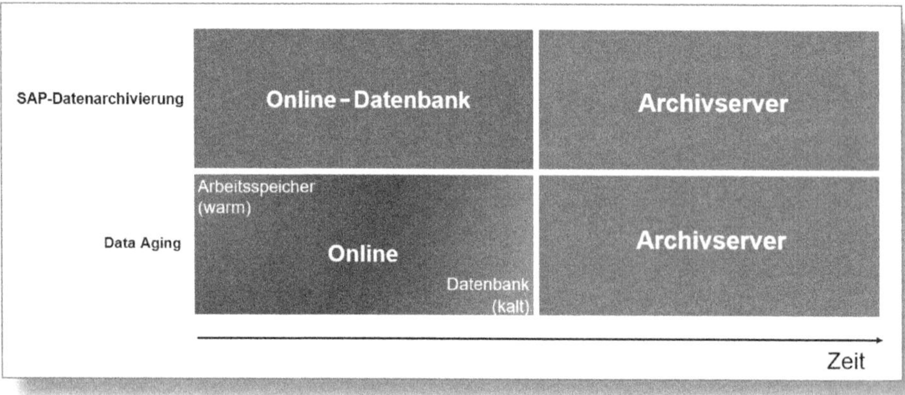

Abbildung 4.2: Gegenüberstellung von Data Aging und SAP-Datenarchivierung

Das bedeutet, dass SAP-Anwender Data Aging für kurzfristige Performancesteigerungen im System nutzen können, aber langfristig nicht um die Datenarchivierung herumkommen. Dessen ist sich auch die SAP bewusst und kündigte infolge der mangelhaften Nutzung durch Anwender an, die Investition in die weitere Entwicklung von Data Aging einzustellen.

4.2.2 Klassische SAP-Datenarchivierung in S/4HANA

Nachdem wir erläutert haben, was Data-Aging-Objekte sind und dass trotz dieser Option nicht auf die klassische Datenarchivierung verzichtet werden kann, stellt sich die Frage: Wie sieht diese nun in SAP S/4HANA aus?

Als Beispiel wählen wir die Archivierung von FI_DOCUMNT. Wir versuchen, den Prozess möglichst vereinfacht darzustellen, da die Erläuterung ansonsten zu tief in technische Details einstiege. Die neue zentralisierte Belegverwaltung im Universal Journal (ACDOCA-Tabelle) bringt zwar viele Vorteile für Anwender, aber auch einige Änderungen hinsichtlich der SAP-Datenarchivierung mit sich. Die Finanzbuchhaltungsbelege konnten im SAP ECC mit dem Schreibprogramm des Archivierungsobjekts FI_DOCUMNT in Archivdateien geschrieben und anschließend mit einem Löschprogramm aus der Datenbank gelöscht werden (Abbildung 4.3).

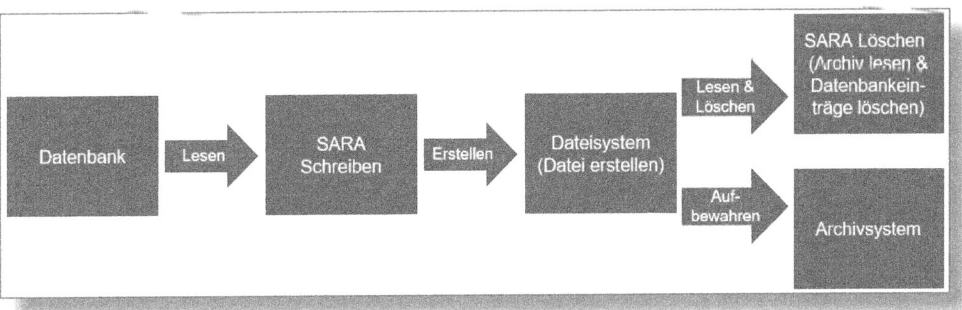

Abbildung 4.3: Prozess der SAP-Datenarchivierung im ERP

Durch die Verschmelzung der Belege ist das Löschen der Finanzbuchhaltungsbelege in S/4HANA nicht mehr wie gewohnt möglich. Grund dafür ist, dass bestimmte Felder des FI-Belegs sich außer in den Tabellen wie z. B. BKPF und BSEG auch im Datensatz der ACDOCA-Tabelle befinden. Um die Datenkonsistenz der ACDOCA-Tabelle aufrechtzuerhalten, müssen diese Felder für weitere Transaktionen bzw. Anwendungen im System verbleiben. In SAP ECC waren diese Felder voneinander getrennt und konnten mit verschiedenen Archivierungsobjekten archiviert und gelöscht werden, ohne die Transaktionen weiterer Anwendungen zu beeinflussen. Die Veränderungen in der Struktur von Feldern und Abhängigkeiten führten auch dazu, dass einige Archivierungsobjekte obsolet wurden.

Aus diesem Grund wurde die Datenarchivierung zeitweise für das Modul FI gesperrt bzw. deaktiviert und auf die neue Methode des Data Aging verwiesen. Um das Data Aging für das Universal Journal zu ermöglichen, wurde das Data-Aging-Objekt FI_DOCUMENT um die ACDOCA-Tabelle erweitert. Dadurch konnten die Daten in den kalten bzw. langsamen Arbeitsspeicher der Datenbank verschoben werden, ohne die Transaktionen anderer Datensätze zu behindern. Das sollte die Performance sichern und Speicherplatz frei machen.

Da das Data Aging, wie bereits vorher erwähnt, keine langfristige und komplette Lösung für die Datensicherheit ist, wurden inzwischen im Rahmen der SAP-Datenarchivierung Optimierungen vorgenommen, um das Archivieren mit FI_DOCUMNT aus den Feldern der ACDOCA-Tabelle zu ermöglichen.

Um die Vorgänge des Archivierens im Finanzwesen zu verstehen, müssen wir zunächst die technischen Details in SAP S/4HANA näher betrachten.

Mit der Einführung des neuen Universal Journal wurden einige Tabellen entfernt. Diese beinhalteten zum größten Teil die Sekundärindizes und Summentabellen, die bei der Migration nach SAP S/4HANA in die neuen SAP HANA Views für den Datensatz der ACDOCA-Tabelle umgewandelt werden. Einige Tabellen, die mit dem Archivierungsobjekt FI_DOCUMNT archiviert wurden, sind daher in S/4HANA obsolet.

Der Wegfall der Sekundärindizes verursachte ein Problem. Wenn Finanzbuchhaltungsbelege mit dem Archivierungsobjekt FI_DOCUMNT archiviert und aus der Datenbank bzw. aus der ACDOCA-Tabelle gelöscht werden sollen, haben andere Anwendungen keinen Zugriff mehr auf diese Daten. Da sich diese Daten nicht mehr im SAP-System befinden und es keine Sekundärindizes mehr gibt, können auch keine Summen »on the fly« für andere Anwendungen in SAP S/4HANA berechnet werden.

On-the-fly-Methode in SAP S/4HANA

In SAP S/4HANA werden keine Summen- und Indextabellen mehr gespeichert. Damit aber weiterhin bei Abfragen Salden gebildet werden können, verwendet SAP S/4HANA die On-the-fly-Methode. Dabei werden die Salden erst zum Zeitpunkt der Selektion über den Arbeitsspeicher erstellt und müssen nicht mehr in Tabellen gespeichert werden.

Um dieses Problem zu umgehen und Daten aus der ACDOCA-Tabelle archivieren zu können, greift der Archivierungslauf von FI_DOCUMNT wieder auf eine Art Sekundärindizes zurück. Archivdateien aus Tabellen wie beispielsweise BKPF und BSEG werden wie gewohnt geschrieben. Im Löschprogramm werden die Daten aus diesen Tabellen zwar aus der Datenbank entfernt, aber zusätzlich werden aus ihnen und Daten aus der ACDOCA-Tabelle Summen gebildet. Diese Summen werden in Hilfstabellen abgelegt und anstelle von Sekundärindizes genutzt. Die Hilfstabellen erhalten denselben Namen wie die Sekundärindizes in SAP ERP, nur mit dem Zusatz »_BCK« (beispielsweise wird Tabelle BSIS in SAP S/4HANA zu BSIS_BCK). Diese neuen Summen werden nun in den Feldern der ACDOCA-Tabelle abgebildet, um deren Datenkonsistenz zu erhalten.

Sind die klassischen Läufe Schreiben und Löschen der SAP-Datenarchivierung durchgeführt, befinden sich also noch Daten auf der ACDOCA-Tabelle zur Nutzung von Anwendungen. Um weiteren Speicherplatz einzusparen, können die Hilfstabellen mittels Data Aging in den langsamen Arbeitsspeicher umgelagert werden.

Bestimmte Daten müssen aufgrund rechtlicher Restriktionen jedoch vollständig aus dem System entfernt werden. Dabei sind insbesondere die rechtlichen Beschränkungen bezüglich zeitlicher Kriterien zu beachten. Für das spätere Löschen der Hilfstabellen aus dem SAP-System wurde ein neues Nachlaufprogramm »FI Compression Run« entwickelt, das in SAP S/4HANA aktiviert werden kann. Es entfernt die Einsicht in die aggregierten Daten vollständig und ersetzt diese durch einen festen Eintrag in der ACDOCA-Tabelle. So befinden sich in Letzterer nach dem Kompressionslauf nur noch Stammdaten. Auf diese Weise werden zum einen die rechtlichen Anforderungen für Wirtschafts- und Steuerprüfungen erfüllt, zum anderen wird das Datenvolumen der ACDOCA-Tabelle minimiert (Abbildung 4.4).

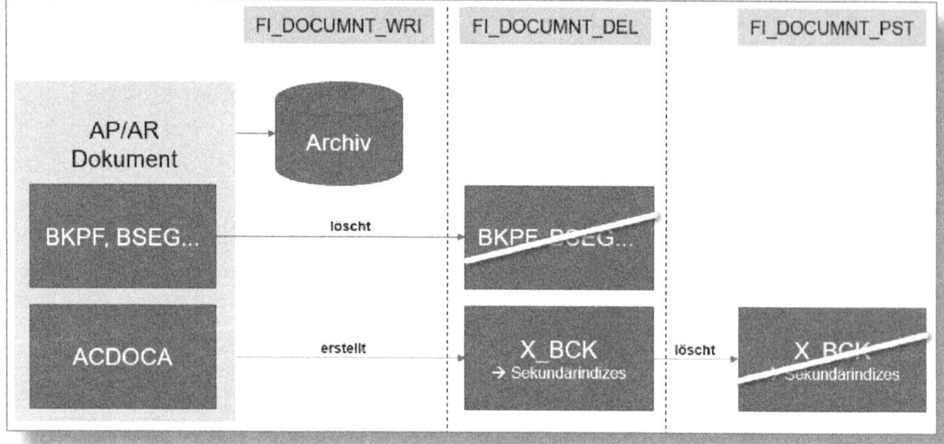

Abbildung 4.4: Archivierungsprozess FI_DOCUMNT in S/4HANA

Im Archivierungslauf in SAP S/4HANA gibt es jedoch noch weitere Modifikationen, die wir beachten müssen. Infolge der Einführung des Universal Journal sind neue Abhängigkeiten zwischen den verschiedenen Komponenten entstanden. Um die Tabelle ACDOCA archivieren zu können, muss also folgende neue Reihenfolge in der Archivierung der Daten eingehalten werden:

1. Daten aus dem Controlling
2. Daten aus dem Anlagenbuch
3. Finanzbuchhaltungsbelege

Für die Durchführung der Archivierung wird weiterhin die Transaktion *SARA* genutzt. Die Archivierbarkeitskriterien bleiben bis auf die neuen Abhängigkeiten der Archivierungsobjekte für FI_DOCUMNT unverändert. Das Customizing in SAP S/4HANA läuft wie in SAP ECC ab: Der Anwender muss sich – abgesehen vom Compression Run und dem Fehlen von Transaktionen für den Archivzugriff in den Fiori-Apps – auf keine großen Umstellungen gefasst machen. Die wirklichen Neuerungen betreffen die technische Ebene, nämlich die Lösung des Dilemmas beim Archivieren der ACDOCA-Tabelle.

Hierfür greift die SAP SE auf schon bestehende Methoden zurück und kann sich so auf gewisse Änderungen im Ablauf der Datenarchivierung beschränken. Auch das Data Aging besitzt in diesem neuen technischen Vorgang seine Berechtigung, es ist ideal, um den Speicherplatzbedarf für eine gewisse Zeit zu reduzieren.

4.3 Cloud-Systeme

Cloud-Anwendungen werden sowohl im privaten als auch im geschäftlichen Umfeld immer beliebter. Cloud Computing ist besonders attraktiv, weil es Datensilos auflöst und allen Beteiligten die benötigten Daten auf jedem beliebigen Endgerät ortsunabhängig und mit kurzen Latenzzeiten zur Verfügung stellt. Dies ermöglicht Unternehmen effiziente Abläufe und eine nahtlose Zusammenarbeit. Ein Cloud-ERP-System bietet Unternehmen den Vorteil standardisierter Voreinstellungen und Best Practices für ausgewählte Branchen, was zu kürzeren Einführungsprojekten und geringeren Gesamtbetriebskosten führt. Auch die Nutzung von innovativen Technologien wie KI und maschinellem Lernen oder von Predictive Analytics ist einfach möglich. Cloud-Strukturen sparen finanzielle Ressourcen und gewährleisten planbare Kosten. Unternehmen können auf diese Weise auf eine lokale On-Premise-Installation oder auf eine eigene Hardware-Infrastruktur verzichten und zahlen stattdessen lediglich eine periodische Nutzungsgebühr. Eine Managed Cloud kann die interne IT-Abteilung entlasten, da die Verantwortung für Administration, Governance, Infrastruktur, Wartung und Updates beim Dienstleister liegt. Bedenken hinsichtlich Datensicherheit und Datenschutz sind unbegründet, da für alle deutschen

Serverstandorte das Bundesdatenschutzgesetz gilt, eines der strengsten Datenschutzgesetze weltweit.

Ein Cloud-basiertes ERP-System bietet Unternehmen eine Reihe von Vorteilen (einige Aspekte des Themas haben Sie bereits in Abschnitt 1.3.2 im Zusammenhang mit dem Azure Blob Storage kennengelernt), so beispielsweise die folgenden:

- **Kostenstruktur:** Ein Cloud-ERP-System bietet ein Mietmodell – damit vermeidet man hohe Erstinvestitionen in Soft- und Hardware. Dies führt zu deutlich geringeren Gesamtbetriebskosten.
- **Flexibilität und Skalierbarkeit:** Durch eine schlanke IT-Basis kann das Cloud-ERP-System kurzfristig an das Unternehmenswachstum angepasst werden, indem zusätzliche Funktionen, Lizenzen und Datenspeicher hinzugefügt werden.
- **Agilität und Innovation:** Ein Cloud-ERP-System bietet einen vollständigen ERP-Umfang, der regelmäßig durch den Anbieter aktualisiert wird und der auf den modernsten Technologien wie KI und maschinelles Lernen basiert.
- **Mobilität und Echtzeitdaten:** Daten, Prozesse und Funktionalitäten sind jederzeit mit jedem Endgerät von überall abrufbar.
- **Fokus auf Kernkompetenzen:** Durch die Nutzung einer Managed Cloud können Unternehmen ihre interne IT-Abteilung entlasten und sich auf die Weiterentwicklung der Geschäftsprozesse konzentrieren. Der Dienstleister übernimmt die Sicherung des IT-Betriebs, Governance, Wartung, Updates, Application und Lifecycle Management.

Die Private Edition von SAP S/4HANA Cloud – früher bekannt als S/4HANA Private Cloud, STE oder EX – vereint die Vorteile von Standardisierung und Skalierbarkeit in der Cloud mit dem vollen Funktionsumfang und der Erweiterbarkeit des klassischen S/4HANA. Auf diese Weise haben die Nutzer niedrigere Gesamtkosten und profitieren ferner von einer modernen SaaS-Lösung.

Beim Umstieg auf die Private Edition von S/4HANA Cloud haben Kunden die Möglichkeit, ihre bereits getätigten Investitionen in ERP-Systeme zu schützen, indem sie diese konvertieren. Unternehmen erhalten dabei einen eigenen Serverbereich, der nur für einen fest definierten Anwenderkreis zugänglich ist.

Die Private Edition von SAP S/4HANA Cloud bietet Unternehmen maximale Flexibilität und Individualität. Bestehende Systemlandschaften können übernommen werden, und Modifikationen sowie der Einsatz von Branchenlösungen oder Add-ons sind möglich. Der Funktionsumfang ist identisch mit demjenigen von S/4HANA On-Premise, er enthält alle Branchenlösungen und Länderausprägungen. Betriebe können die Umstellung der bestehenden ERP-Umgebung auf eine moderne Cloud-Architektur in ihrem eigenen Tempo durchführen. Regelmäßige Updates und Releases durch SAP oder Partner sorgen für Aktualität und kontinuierliche Verbesserung der Systeme. Durch den Verzicht auf eine Mehrmandanten-Landschaft ist absolute Datensicherheit gewährleistet.

Public-Cloud-Anwendungen wie Microsoft 365, Dropbox oder Google Drive sind bekannte Beispiele für den Einsatz im privaten Umfeld. Ein Public-Cloud-ERP wie die Public-Version von SAP S/4HANA funktioniert ähnlich. Die Daten liegen auf öffentlich zugänglichen Servern, und alle Kunden des Cloud-Anbieters teilen sich dieselbe Hardware und IT-Infrastruktur. Lediglich die Geschäftsdaten werden in geschützten Bereichen verarbeitet. Durch die gemeinsame Nutzung der Cloud-Infrastruktur werden niedrigere Gesamtbetriebskosten erreicht.

Die Public-Variante von SAP S/4HANA – auch bekannt als Multi-Tenant Edition, Essential Edition (Cloud ES) oder Public Cloud – ist schnell einsatzbereit, da keine individuellen Programmierungen erforderlich sind. Erweiterungen und Anpassungen sind jedoch nur innerhalb des S/4HANA Extensibility Frameworks oder mithilfe der Business Technology Platform (SAP BTP) möglich. Unternehmen müssen bereit sein, bei der Einführung der Cloud-ERP etablierte Abläufe zu modifizieren, damit sie mit den Standardprozessen kompatibel sind. Der große Vorteil der hohen Standardisierung der Prozesse und SAP-Systeme ist, dass wenig Personal- und Anpassungsaufwand erforderlich sind und die SAP-ERP-Lösung mit dem »schnellsten Zeitwert« punktet.

Die Public-Variante von SAP S/4HANA bietet Unternehmen eine standardisierte Cloud-ERP-Lösung für ausgewählte Geschäftsbereiche und Branchen (Digitaler Kern). Dank der hohen Standardisierung der Software und Prozesse kann die Umstellung auf diese Lösung sehr schnell erfolgen, was die Kosten für Einführung und Betrieb reduziert. Automatische Updates und Releases, die bis zu viermal pro Jahr durchgeführt werden, sorgen für Aktualität, IT-Sicherheit und kontinuierliche Verbesserungen der Systeme. Alle Kunden arbeiten mit der gleichen Hardware und Netzwerkinfrastruktur, während die Datenverarbeitung in geschützten Bereichen erfolgt, um die Datensicherheit zu gewährleisten.

Der Einsatz eines Cloud-Systems bringt auch Änderungen hinsichtlich der Datenarchivierung mit sich. Dabei bieten sich neue Möglichkeiten zur Datenablage.

Die Technologie erfordert zunächst eine neue Schnittstelle. Mit der steigenden Popularität von Cloud-Systemen im Kontext von SAP-Anwendungen wird CMIS die bisher meistgenutzte Schnittstelle ArchiveLink ablösen.

Die steigende Bedeutung der Fiori-Apps könnte in nächster Zukunft ebenfalls Änderungen mit sich bringen. Möglicherweise wird es schon bald neue Bestandteile und Funktionen für die Anwendungen der SAP-Datenarchivierung mit der neuen Benutzeroberfläche geben. Darüber hinaus ist mit der Nutzung von SAP als Solution-as-a-Service durchaus denkbar, dass für die SAP-Datenarchivierung Modelle wie Managed Services eingesetzt werden und dass sich ein Großteil der Kunden für dieses Angebot entscheidet.

5 Fazit

Sie kennen nun die Grundlagen der SAP-Datenarchivierung. Nach der Lektüre dieses Buches verfügen Sie über ein fundiertes Grundlagenwissen zu den wichtigsten Fakten und Vorgängen, die mit diesem Thema zu tun haben. Nutzen Sie bei Ihrem Projekt unser Buch gerne als Leitfaden. Machen Sie sich jedoch bewusst, dass Sie unsere Empfehlungen und Beispiele in der Praxis nicht immer eins zu eins auf Ihren eigenen Fall anwenden können.

Die Besonderheiten eines jeden Systems sind stets zu berücksichtigen. Trotz der großen Ähnlichkeiten, die zwischen verschiedenen einfachen SAP-Landschaften bestehen, ist beispielsweise die Priorisierung von Daten immer unterschiedlich.

Infolge der schon im Vorwort und in Abschnitt 1.2 dargestellten Gründe wird die SAP-Datenarchivierung für Ihr Unternehmen früher oder später essenziell. Mögliche Performanceeinbußen sind nicht der einzige Faktor, der für eine SAP-Datenarchivierung spricht, auch die rechtlichen Anforderungen an das Datenmanagement sind in diesem Zusammenhang ein gewichtiges Argument. Gerade mit der Einführung der EU-DSGVO gewinnt das Thema eine stetig wachsende Relevanz. Das Risiko hoher Strafgelder fordert eine rasche Umsetzung der nötigen Maßnahmen. Die Devise lautet: Je früher, desto besser!

Ihr SAP-System hält im Standard bereits die notwendige Software für Sie bereit, sodass keine Aufwendungen für zusätzliche Lizenzen anfallen. Die Kosten einer externen Ablagemöglichkeit sind in der genannten Lizenz von SAP nicht enthalten. Die Auswirkungen der Mehrkosten und die Auswahl eines entsprechenden Anbieters sollten Sie deshalb frühzeitig berücksichtigen.

Die Frage nach den Zielen Ihres Projekts sollten Sie bereits vor der Konzeption beantworten. Besprechen Sie die Planung und Durchführung der Archivierung schon frühzeitig mit den Fachabteilungen. Dort wird man mit kleinen Änderungen konfrontiert werden, insbesondere was den Zugriff auf archivierte Daten betrifft. Ein entsprechendes Change Management hilft dabei, eventuelle Zugriffe für die Anwender zu vereinfachen.

Denken Sie zudem daran, ausreichend Kapazitäten einzuplanen. Schulen Sie Ihre Mitarbeiter für alle Zwecke, die in den Aufgabenpaketen Ihres Konzepts enthalten sind. Befolgen Sie die vorgeschlagene Reihenfolge der einzelnen Schritte im Ablauf Ihres Projekts, damit Sie das Tagesgeschäft der SAP-Anwender Ihres Unternehmens nicht beeinträchtigen. Achten Sie auf eine gute Kommunikation während der Schulungsphase und zu Beginn des Go-lives.

Wie wir wiederholt betont haben, gelten für jede SAP-Datenarchivierung individuelle Bedingungen. Wenn Sie die Inhalte dieses Buches sorgfältig studiert haben, ist dies eine gute Grundlage für Ihr Projekt. Die Durchführung der fachlichen und technischen Arbeitsschritte könnte dennoch sehr viel komplexer und umfangreicher ausfallen als in unseren Beispielen. Sammeln Sie daher weiter Wissen und Erfahrung, bevor Sie eigenständig an Projekte herangehen. Wir möchten Ihnen nicht zuletzt aufgrund der zahlreichen gesetzlichen Vorgaben in diesem Bereich ans Herz legen, sich mit Experten abzustimmen. Mit IT-Projekten werden oftmals hohe Investitionen assoziiert. Durch eine sorgfältige Planung und Umsetzung können Sie jedoch unnötige Kosten vermeiden. Ein Berater kann die Planung und Durchführung Ihres Projekts stark vereinfachen – auch im Hinblick auf die zahlreichen Aspekte aus den Bereichen der IT, des Gesetzes und der Betriebswirtschaft, die ganzheitlich betrachtet werden wollen. All diese Faktoren müssen untereinander abgestimmt und unter einen Hut gebracht werden. Ihre endgültige Strategie und Ihr Lösungsansatz sollten deshalb aus einer Schnittmenge aller relevanten Bereiche und Vorgaben resultieren.

Die geschilderte Komplexität des Themas führt in der Praxis oft dazu, dass schwerwiegende Fehler geschehen, sofern keine erfahrenen Akteure im Projekt mitwirken. Ein Experte kann Sie in diesem Bereich auch vor hohen Bußgeldern bewahren.

Des Weiteren möchten wir betonen, dass die SAP SE bei einer S/4HANA-Transformation eine Datenarchivierung als Vorprojekt empfiehlt. Damit können sowohl bei einer Konvertierung mithilfe der Brownfield-Methode als auch bei einem Neuaufsetzen des Systems mit der Greenfield-Methode viel Organisationsaufwand und hohe Kosten eingespart werden. Eine Transformation zu S/4HANA ist aufgrund der angekündigten Einstellung aller Dienste für SAP ECC unumgänglich.

Die Zukunft des Themas Datenarchivierung wird durch SAP Information Lifecycle Management (ILM) bestimmt werden. Gesetzliche Vorgaben, vor allem diejenigen der EU-DSGVO, unterstreichen die Relevanz solcher Lösungen nochmals.

Dass Sie mit der SAP-Datenarchivierung konfrontiert werden, ist aus den beschriebenen Gründen aus technischer und gesetzlicher Sicht deshalb unausweichlich. Beginnen Sie frühzeitig, und warten Sie nicht, bis das Thema Datenarchivierung ein akutes Problem in Ihrer SAP-Umgebung wird. Nutzen Sie unsere Empfehlungen und Expertise.

A Literaturverzeichnis

[1] Prognose zum Volumen der jährlich generierten digitalen Datenmenge weltweit in den Jahren 2018 und 2025, *https://de.statista.com/statistik/daten/studie/267974/umfrage/prognose-zum-weltweit-generierten-datenvolumen*, Zugriff: 21.12.2022.

B Die Autoren

Cihan Kaya ist Senior Managing Consultant mit den Schwerpunkten SAP-Datenarchivierung, SAP Data Retention Tool (DART), SAP Information Lifecycle Management (ILM) und Archivierung im Rahmen der S/4HANA-Transformation.

Bereits während seines Studiums war er an diesem Thema interessiert und schrieb seine Thesis im Studiengang Betriebswirtschaftslehre über die Auswirkungen der Transformation von SAP ERP zu S/4HANA auf die SAP-Datenarchivierung.

Nach dem Abschluss seines Studiums wirkte er als hauptberuflicher SAP-Consultant bei namhaften Kunden in verschiedenen Branchen. Dabei führte er zahlreiche Projekte in der SAP-Datenarchivierung bei internationalen Unternehmen durch. In diesem Buch teilt Cihan Kaya sein umfangreiches Fachwissen, das er auf diesem Gebiet erworben hat.

Koautor Birol Ince ist Consultant für SAP-Datenarchivierung, DART und SAP ILM.

Als Junior Consultant kam er erstmals mit der SAP-Datenarchivierung in Berührung. Seine Expertise in diesem Bereich weitete er nach dem Abschluss des Studiengangs der Betriebswirtschaftslehre und während seiner Beschäftigung aus: Birol Ince wurde von Ahmet Türk, dem renommierten Experten auf dem Gebiet der SAP-Datenarchivierung, zum Consultant mit den Schwerpunkten SAP-Datenarchivierung und SAP ILM ausgebildet. Er ist seither auf diesen Gebieten für namhafte Kunden tätig. Seine Fachkenntnisse konnte er bereits in zahlreichen Projekten unter Beweis stellen und bringt sie unterstützend in dieses Buch mit ein.

C Index

A

B

C

D

E

F

G

H

I

J

L

M

N

P

R

S

T

V

W

Z

D Disclaimer

Die in diesem Werk wiedergegebenen Gebrauchsnamen, Handelsnamen, Warenbezeichnungen usw. können auch ohne besondere Kennzeichnung Marken sein und als solche den gesetzlichen Bestimmungen unterliegen. Sämtliche in diesem Werk abgedruckten Bildschirmabzüge unterliegen dem Urheberrecht der SAP SE, Dietmar-Hopp-Allee 16, 69190 Walldorf.

In dieser Publikation wird auf Produkte der SAP SE Bezug genommen. SAP®, ABAP®, ExpenseIt®, Joule, OpenSAP®, SAP ActiveAttention®, SAP® Adaptive Server® Enterprise, SAP® Advantage Database Server®, SAP® AppGyver®, SAP Ariba®, SAP Business ByDesign®, SAP® Business Explorer®, SAP® Bex, SAP® BusinessObjects, SAP® BusinessObjects Explorer®, SAP® BusinessObjects Web Intelligence®, SAP Business One®, SAP Business Workflow®, SAP BW/4HANA®, SAP Concur®, SAP® Crystal Reports®, SAP EarlyWatch®, SAP® Emarsys®, SAP Fieldglass®, SAP Fiori®, SAP Garden®, SAP® Global Trade Services (SAP® GTS®), SAP HANA®, SAP® Jam, SAP Lumira®, SAP MaxAttention®, SAP® MaxDB®, SAP NetWeaver®, SAP® PartnerEdge®, SAP® Sapphire®, SAP® PowerBuilder®, SAP® PowerDesigner®, SAP® R/3®, SAP® Replication Server®, SAP® Roambi®, SAP S/4HANA®, SAP S/4HANA® Cloud, SAP Signavio®, SAP® SQL Anywhere®, SAP Strategic Enterprise Management® (SAP® SEM®), SAP SuccessFactors®, SAP Vora®, Taulia®, The Best Run SAP®, Triplt® und weitere im Text erwähnte SAP-Produkte und -Dienstleistungen sowie die entsprechenden Logos sind Marken oder eingetragene Marken der SAP SE in Deutschland und anderen Ländern. Die Angaben im Text sind unverbindlich und dienen lediglich zu Informationszwecken. Produkte können länderspezifische Unterschiede aufweisen.

Der SAP-Konzern übernimmt keinerlei Haftung oder Garantie für Fehler oder Unvollständigkeiten in dieser Publikation. Der SAP-Konzern steht lediglich für SAP-Produkte und -Dienstleistungen nach der Maßgabe ein, die in der Vereinbarung über die jeweiligen Produkte und Dienstleistungen ausdrücklich geregelt ist. Aus den in dieser Publikation enthaltenen Informationen ergibt sich keine weiterführende Haftung.

Weitere Bücher von Espresso Tutorials

Andreas Schuster:

Praxishandbuch SAP® HANA – Administration

- Architekturkonzepte von SAP HANA verstehen und anwenden
- Sizing, Skalierbarkeit, Mandantenfähigkeit, Hochverfügbarkeit
- Probleme vermeiden, frühzeitig erkennen und beseitigen
- Einfach nachvollziehbar anhand der SAP HANA, express edition

http://5265.espresso-tutorials.de

Andreas Unkelbach:

SAP S/4HANA® Migration Cockpit – Datenmigration mit LTMC und LTMOM

- Grundlagen zur erfolgreichen Datenmigration
- Ablösung der LSMW durch das SAP S/4 HANA Migration Cockpit (LTMC)
- Templatepflege, Fehlerbehandlung und Regeln zur Datenübernahme
- Erweiterungen durch den S/4HANA-Migrationsobjekt-Modeler (LTMOM)

http://5318.espresso-tutorials.de

Sebastian Brunner, Martin Munzel, Philipp Reichhardt:

Schnelleinstieg in SAP S/4HANA

- SAP-Grundbegriffe einfach und verständlich erklärt
- Modulübergreifende Darstellung der Geschäftsprozesse
- Einführung in die neue Benutzeroberfläche SAP® Fiori
- Inklusive 4 Stunden Videomaterial

http://5341.espresso-tutorials.de

Martin Kipka:

SAP® Activate – Agilität in SAP®-Implementierungsprojekten

- Aktiv im Team arbeiten
- Schlank in der Dokumentation
- Agil auf Herausforderungen reagieren
- Professionell durch methodisches Framework

http://5378.espresso-tutorials.de

Manfred Sprenger:

Praxishandbuch SAP®-Basis – Troubleshooting in der Systemadministration

- Technisches Hintergrundwissen zur Fehleranalyse verständlich erklärt
- Werkzeuge für die Bestimmung von Fehlerursachen
- Tipps für die zukünftige Fehlervermeidung
- Best-Practice-Vorgehensweise anhand von Praxisbeispielen

http://5417.espresso-tutorials.de

Franz Schiermeier

SEND LING

Reiseführer für Münchner

UNTERSENDLING MITTERSENDLING OBERSENDLING

Franz **Schiermeier** Verlag **München**

Ein besonderer Dank für ihre Hilfe geht an:
Berger Bau SE/Passau, Andreas Bock, Branddirektion München, Matthias Castorph, Bettina Deininger, Gabi Duschl-Eckertsperger, Axel Enderlein, Dorle Gribl, Antonia Heigl/VHS Sendling, Thomas Heinrich/Café Schuntner, Lissy Hofmann, Karl Klühspies, Claudia Kolbeck, Angelika Kurth, Christian Kurth, Naomi Lawrence, Berit Opelt, Gerhard Ongyerth, Christine Rädlinger, Peter Remmers/radiomuseum.org, Siemens-Historical Institute, Reinhold Rühl, Julia Schambeck, Sabine Stanger, Anja Uhlig/realitätsbüro, Stefanie Unruh und Sebastian Winkler.